Janet Malcolm

精神分析
PSYCHOANALYSIS
一项极具挑战性的职业
THE IMPOSSIBLE PROFESSION

［美］珍妮特·马尔科姆　著
董亚丽　译

当代中国出版社
Contemporary China Publishing House

PSYCHOANALYSIS: The Impossible Profession
by Janet Malcolm
Copyright © 1980, 1981 by Janet Malcolm
Published by arrangement with Georges Borchardt, Inc.
through Bardon‐Chinese Media Agency
Simplified Chinese translation copyright © 2025
by East Babel（Beijing）Culture Media Co. Ltd（Babel Books）
ALL RIGHTS RESERVED

版权合同登记号　图字：01－2025－0595号

图书在版编目（CIP）数据

精神分析：一项极具挑战性的职业／（美）珍妮特·马尔科姆著；董亚丽译．－－北京：当代中国出版社，2025.3．－－ISBN 978－7－5154－1528－4

Ⅰ．B841
中国国家版本馆CIP数据核字第2025N2R270号

出　版　人	蔡继辉
责任编辑	邓颖君
责任校对	贾云华　康　莹
印刷监制	刘艳平
封面设计	宋　涛　鲁　娟
出版发行	当代中国出版社
地　　　址	北京市地安门西大街旌勇里8号
网　　　址	http：//www.ddzg.net
邮政编码	100009
编　辑　部	（010）66572156
市　场　部	（010）66572281　66572157
印　　　刷	中国电影出版社印刷厂
开　　　本	880毫米×1230毫米　1/32
印　　　张	6.125印张　1插页　120千字
版　　　次	2025年3月第1版
印　　　次	2025年3月第1次印刷
定　　　价	68.00元

版权所有，翻版必究；如有印装质量问题，请拨打（010）66572159联系出版部调换。

献给我的父亲

精神分析应属于三种"难以圆满的"职业之一，另外两种早已广为人知，即教育和管理。对于这三种职业，人们事先能够确定的就是，它们均不可能取得令人满意的结果。

——西格蒙德·弗洛伊德（Sigmund Freud），
《可终结和不可终结的分析》一文
（"Analysis Terminable and Interminable"，1937）

作为精神分析师，我们非常确定：我们的职业不但难以成功，而且寸步难行。

——亚当·利蒙塔尼（Adam Limentani），
《国际精神分析杂志》
（*International Journal of Psycho-Analysis*，1977）

如果两个人经常单独相处，他们之间就会产生某种情感纽带。

——菲利斯·格林纳克（Phyllis Greenacre），

《美国精神分析协会杂志》

（*Journal of the American Psychoanalytic Association*，1954）

上帝没有赐予我在宫廷中大放异彩的灵魂。

很显然，我不具备这种成功所必需的美德。

我最大的天赋是说话直率；

从不阿谀奉承或装腔作势；

如我一般蠢笨真诚之人最好不要谋求朝臣之职。

——莫里哀（Molière），

《厌世者》

（*Le Misanthrope*，1666）

致　谢

我非常感谢奥斯汀·里格斯医疗中心的主管丹尼尔·施瓦茨（Daniel Schwartz），是他鼓励，不，鼓动我写了一篇构成本书基础内容的文章，耐心地阅读了手稿并指出了其中的许多错误。最重要的是，他对我脑海中精神分析理想的具象化，使我得以在写作和思考过程中始终保持正确的方向。我还要感谢许多精神分析专家朋友，他们慷慨地抽出时间就精神分析专业和理论与我进行讨论。另外，我还要感谢纽约精神分析研究院将其无与伦比的图书馆提供给我使用；感谢图书馆工作人员协助《纽约客》（*The New Yorker*）检查部门的工作；感谢检查部门的南希·富兰克林（Nancy Franklin）女士出色而优雅的工作；感谢伊丽莎白·克莱默（Elizabeth Kramer）就许多精神分析理论和实践所作的阐释；感谢哈德维奇·达尔（Hartvig Dahl）和弗吉尼亚·泰勒（Virginia Teller），他们极大地启发了我，且极其友善；感谢皮特·盖伊（Peter Gay）既机智又极具价值的批评和建议；感谢玛丽安卡·维诺瓦·穆勒（Marianka

Vynová Mueller），在阿尔布雷希特·穆勒鼠人档案馆地下室，她向我提供了除个人职责之外的其他协助。最重要的是，我要感谢并致敬"阿龙·格林"（Aaron Green），这位伟大而可爱的朋友向我敞开心扉，从而赋予了这本书以生命。

目 录
CONTENTS

第一章　精神分析理论的构建与发展 / 001

第二章　分析师的职业培训 / 048

第三章　分析师的工作与家庭 / 061

第四章　分析的真正开始 / 072

第五章　分析师的困惑 / 083

第六章　分析师面临的诱惑 / 097

第七章　分析师也是普通人 / 114

第八章　分析师渴望被患者关注 / 123

第九章　分析师须直面反移情 / 130

第十章　精神分析的适用和局限 / 142

第十一章　分析师从移情中存活下来 / 157

第十二章　分析师与患者的分离 / 164

参考文献 / 178

第一章
精神分析理论的构建与发展

阿龙·格林（下面我都将称呼他为阿龙）是一位 46 岁的精神分析师，执业于纽约曼哈顿的东九十街区。他现有 4 位患者需要每周来 4~5 次，躺在沙发上接受分析治疗；此外还有 6 位患者需要每周来 1~3 次，坐在椅子上接受治疗。阿龙采用的精神分析治疗时长是单次 50 分钟，收费 30~70 美元。除此之外，他还在当地一所医学院任教，教授并指导医学生和精神科住院医师。在获得医学学位并于新英格兰的一个城市完成了实习和住院医师的工作之后，阿龙来到纽约精神分析学院学习，毕业后加入了纽约精神分析学会。

阿龙身材瘦削，总是一副生动鲜明、缺少耐心、不苟言笑的表情，顶着一头稀疏的黑发，穿着教授风格的衣服，其惯常搭配是人字纹夹克、浅蓝色牛津衬衫、素雅的领带和灰色法兰绒长裤，从外表看像是个犹太人。目前他与妻子和儿子住在麦迪逊大道附近的一个褐色砖石公寓里，距离他的办公室有四个街区。公寓的客厅配有黑色现代沙发、扶手椅、米色地毯、现代艺术复制品、照片、民间艺术品、古玩以及各种书籍；公寓空间宽敞、整洁、舒适，带着些书香气息。诊室风格跟客厅相似却又不完全相同：沙发不再是20世纪70年代的意大利"高技术"风格，而是20世纪50年代斯堪的纳维亚的现代风；图片也不再是玛格特基金会（Foundation Maeght）*的展览海报，而是出自纽约现代艺术博物馆（MOMA）**的艺术品复制品；至于灯具，他用落地灯代替了投射灯，且灯光被特意调暗了。

阿龙在临床实践中坚定不移地追随弗洛伊德的古典精神分析流派，他对理论和技术的思考受到了查尔斯·布伦纳（Charles Brenner）的影响。查尔斯·布伦纳是美国精神分析领域坚定的纯粹主义者，撰写过读来令人生畏的《精神分析入门》（*Elementary Textbook of Psychoanalysis*），也与雅各布·阿洛（Jacob Arlow）

---

* 即玛格特建立的基金会，以收集画作、雕塑等现代艺术品为主，其中也包括海报等出版物。——译者注

** 现代艺术博物馆（Museum of Modern Art，MOMA）是一所在美国纽约市曼哈顿中城的博物馆，也是世界上最杰出的现代艺术收藏之一。位于曼哈顿第53街（在第五大道和第六大道之间），此博物馆经常与大都会博物馆相提并论，虽馆藏少于前者，但在现代艺术的领域里，该馆拥有较多重要的收藏。——译者注

合著了曾颇受争议但现在已成为权威进修教材的《精神分析的概念和架构理论》（*Psychoanalytic Concepts and the Structural Theory*）。布伦纳因其对狂热细致、纯粹的精神分析技术的倡导和强硬的理论立场而闻名，此立场起自弗洛伊德，经由自我心理学三巨头海因茨·哈特曼（Heinz Hartmann）、恩斯特·克里斯（Ernst Kris）和鲁道夫·勒文施泰因（Rudolph Loewenstein）的发展，至布伦纳本人、雅克布·阿洛、马丁·旺夫和戴维·伯里斯四人达到巅峰。

阿龙对精神分析的绝大部分最新发展不屑一顾，认为它们不过是一时的狂热。他对法国结构主义精神分析学家雅克·拉康（Jacques Lacan）也不以为然。虽然拉康晦涩难懂的著作后来在美国受到了越来越多的关注，但拉康将50分钟的分析时间缩短为德尔菲式的七八分钟，有时甚至缩短为在候诊室里喃喃低语的一句神谕，这种创新举动并未被接纳。阿龙对海因茨·科胡特（Heinz Kohut）和奥托·克恩伯格（Otto Kernberg）从自恋和边缘型人格障碍的分析工作中得出的新理论同样持怀疑态度。科胡特（芝加哥心理学界狂热崇拜的核心人物）和克恩伯格（在纽约工作，拥有比较温和的跟随者）在本领域内外激起的涟漪让阿龙感到厌恶。至于更早期的为科胡特和克恩伯格一派学者打下基础的那些英国的客体关系学派人士，如温尼科特（D. W. Winnicott）、费尔贝恩（W. R. D. Fairbairn）、巴林特（Michael Balint）、冈特里普（Harry Guntrip）等，阿龙认为其思想也同样是错误的。而当说出"梅兰妮·克莱因"（Melanie Klein）这个名字时，他会闭上眼睛，轻声叹息。

阿龙对自己的工作也持批判态度。他知道自己已经做得很好，但仍然期待自己在积累了更多实践经验之后能做得更好。回顾以往的个案，他对自己所犯的错误感到痛苦和内疚。他把患者的好转归功于精神分析过程，却把患者的不见起色怪罪于自己。从他在纽约精神分析研究院培训时边接受督导边做分析工作计算起，10多年来，他一直在从事精神分析工作。他自己也接受过2名分析师共计15年的分析。第一次分析始于他上医学院时，持续了6年；第二次则是他在精神分析学院里接受的分析训练，历时9年。

我第一次见到阿龙是在一个寒冷的冬天，我去他的办公室采访他。当时我正在准备一份有关当代精神分析的报告，他的名字就在一个精神分析学家朋友推荐给我的名单上。我之所以记得那天很冷，是因为他接待我的那个房间天花板很低、光线昏暗，让我感到舒服、温暖，仿佛刚从一片荒凉、冷酷的树林里走出来就进入了一个舒适的巢穴，令人印象深刻。现在想来，这种舒适和放松的感觉，除了来自充足的暖气之外，一定还来自其他什么东西。我曾坐在某些分析师很暖和的办公室里，但还是会感觉到阵阵冷意。到目前为止，我所见过的分析师们都会习惯性地像对待第一次见面的患者一样对待我——礼貌、中立、含糊、沉默、"节制"——还有一些在记者面前会有的警惕性。但在阿龙这里，事情从一开始就不一样，他巧妙地尊重我，试图给我留下深刻印象。在这里，仿佛他是患者，我是医生；他是学生，我是老师。用精神分析的语言来说，他对记者的移情程度在这里大于对分析师的移情程度。

移情现象，即我们如何根据自己早期的经历和体验相互投射情感，是弗洛伊德最具独创性和革命性的发现。与婴儿期性欲和俄狄浦斯情结的观点相比，移情的观点更加令人难以平静接受：最宝贵和最神圣的存在——人际关系——事实上只是一种混乱中产生的误解，至多是各个强势、孤立、充满幻想的体系间一次并不稳定的休战。即便是（或特别是）浪漫的爱情，本质上也是孤独的，其核心是深刻的非人格性。移情的概念迅速摧毁了我们对人际关系所持有的信心，并解释了其悲剧性来源：我们无法相互了解。我们寻找彼此，即便越过稠密的毫无关联的人群，我们也无法看清彼此，一种可怕的宿命感盘旋在我们形成的每一个新的依恋上。"仅做到相互联结、互有联系就够了。"E. M. 福斯特（E. M. Forster）提议说："但这对我们来说也很难。"精神分析师们深知这一点。

19 世纪 90 年代后期，弗洛伊德在早期尝试用约瑟夫·布洛伊尔（Josef Breuer）的"宣泄疗法"治疗癔症时，开始注意到了移情。"宣泄疗法"坚信：在催眠状态下可以唤回人们对突然引发癔症的事件的记忆，由此可以削弱该事件对患者的影响强度。在 1925 年的《自传体研究》(*An Autobiographical Study*) 中，弗

精神分析：一项极具挑战性的职业

洛伊德回忆说："其中一次经历很直接地印证了我长期以来的猜想。"这次经历是这样的：

> 她是我最顺从的患者之一，催眠疗法对她产生了极为奇妙的效果，我通过追溯她受伤的根源来减轻她的痛苦……有一次，当她从催眠中醒来时，张开双臂搂住了我的脖子。突然出现的仆人让我们没有对此情景再进行痛苦的讨论，但从那时起，我们之间就形成了一种应该停止催眠治疗的默契。我很有自知之明，并没有把这件事归结于自己不可抗拒的个人吸引力。我想我现在已经了解了催眠术背后神秘因素的本质。我认为，要想排除它，或者要想从根本上远离它，就必须停止催眠。

但是，"神秘因素"也同样出现在了弗洛伊德接下来采用的按压患者前额以敦促其进行回忆这个方法中，后来也出现在了精神分析的最终疗法——"自由联想"中。一次又一次，弗洛伊德的女性患者或公开或秘密地在他绝无明显挑逗行为的情况下爱上他。弗洛伊德在他1917年所著的《精神分析导论》(*Introductory Lectures on Psycho-Analysis*)中写道："前几次，人们可能会认为精神分析疗法受到了某种偶然事件的干扰。"

但是，当在每个新个案中都定期重复出现患者对医生类似的深情依恋，当它一再暴露出来，哪怕情况极为不利、过于怪诞、很不协调，有些患者已属老年妇女和花白胡子的男人，甚至在一些经我们判断并无任何诱惑的情况下，它都一再地发生，我们必须排除这只是偶发的干扰事件的想法，要意识到我们正在处理一种与疾病本质密切相关的现象。这个我们极不愿意承认的新事物，就是我们现在所知的移情。

"痛苦的讨论"无法再被回避了。我们不可能屈从于病人因移情而产生的所有需求，但如果我们以一种不友好的、甚至是愤怒的方式拒绝他们，又显得荒谬。相反，弗洛伊德在《精神分析导论》中继续解释说："通过向患者指出他的那些感受并非产生于现在的情境，和治疗他的医生也无关，不过是早先发生在他身上的事件的重演，这样，我们就可以克服移情，并迫使他将这种重演转化为记忆。"

但这说起来容易做起来很难。在一篇发表于1915年的题为《移情之爱的观察》（"Observations on Transference-Love"）的论文（这是关于精神分析技术的系列论文中的一部分，是弗洛伊德写给他的精神分析门徒的）中，弗洛伊德承担了一项微妙而奇怪的任务，即说服一个女性患者将她对分析师的爱视为治疗中的常态（"她必须接受'爱上自己的精神分析师是一种不可避免的命运'"），视为一种幻觉，它是非现实的，且与分析师无关，只是一种早期感觉的加工再现。

然后，弗洛伊德在他的著作中展现了他颇具代表性的、令人吃惊且令人迷惑的反转，他挑战了自己的论点，说道：所有的爱不都是这样的吗？我们所说的"坠入爱河"，不就是某种病态和疯狂、某种幻觉、某种对所爱之人真实面目的视而不见、某种始自婴儿期的状态吗？他总结说，移情之爱和"真正的"爱之间的唯一区别在于发生的情境。在精神分析过程中，任何有可能导致患者爱上分析师的行为都不被允许，这是一种需要被拒绝的情境。双方必须"克服快乐原则"，为了更高的目标——医生为了职业道德和科学进步，而患者则为了"系统化地从潜意识中区别出意识活动，获得额外的精神自由——相互拒绝"。弗洛伊德遗憾但坦率地描述了分析情境中固有的对分析师的诱惑，尤其是说给"那些还很年轻、还没有被牢固的关系纽带所束缚的人们"的：

> 性爱无疑是生活中的要事之一，两人在爱的快乐中身心俱足地结合是人生的一项高潮体验。除了少数酷儿狂热者之外，所有人都对此心知肚明，且在生活中据此行事，而以精准性为要旨的科学则不承认这一点。再说，拒绝或排斥女人的求爱对男人来说颇为痛苦；况且，尽管存在着神经官能症和各种阻碍因素，一位原则性很高的女性的激情告白本身就令人无比着迷。带来诱

惑的并不是患者赤裸裸的感官欲望，这些欲望比较容易抵抗，但医生们要想将其视为一种自然现象，就需要动用全部忍耐力。更确切地说，也许正是她自己微妙的企图压抑的希望给自己招致了危险，这种希望使得男性为了一次美好体验而忘记了他的技术和治疗任务。

从这些骄傲的、相思成疾的女性和紧张、禁欲的分析师之间难以想象的早期互动中，移情的概念得以扩展，超越了患者爱上分析师或男性患者痛恨分析师的情境，涵盖了患者与分析师关系的各个方面。随着精神分析学的发展，移情很快变得更加核心化和复杂化。到了1936年，在《自我与防御机制》(The Ego and the Mechanisms of Defense)一书中，安娜·弗洛伊德（Anna Freud）对被她称为单纯"对本我的入侵"的爱与恨的高涨的移情和其他更加微妙的移情作了区分，后者被作为自我在对抗本能时所采取的早期防御策略。这种区分是写作《移情之爱的观察》时所处的精神分析的初期发展阶段无法做到的。

在那个时期，弗洛伊德19世纪90年代关于梦、潜意识、潜抑、婴儿期性欲、俄狄浦斯情结、自由联想、移情等一系列看似狂热冒进的发现，正在形成一种有序的美的理论布局。所有的部分都严丝合缝，整个系统皆光彩夺目。当弗洛伊德于1909年受邀到访位于马萨诸塞州伍斯特市的克拉克大学时，他做了一个系列讲座，兴奋地庆祝精神分析作为新学科在美国的普及。在克拉克大学的演讲散发着光彩和活力,弗洛伊德根据记忆重新整理了这些即兴演讲,并在回到维也纳后不久出版了这些演讲,后来,它们逐渐淹没在大量的内容类似但思想更成熟的报告之中。如果把这些讲座内容与1937年弗洛伊德生前发表的最后一篇低沉、晦涩、深刻的论文《可终结和不可终结的分析》作比较,就好似在将贝多芬的短曲与晚期的四重奏进行比较。但不得不承认,在弗洛伊德构建精神分析之诞生的所有著作中,这些讲稿最为清晰简洁;在所有对这一复杂理论的叙述中,这篇看起来也最不费力。

弗洛伊德一开始就断言,精神分析之父是布洛伊尔而非自己(几年后他很快收回了这一说法)。"我并没有参与精神分析最早期的工作。"他写道,接着便讲述了布洛伊尔在1880年对一位名叫安娜的女孩的治疗,这位女孩患有一种"从古希腊医学时代起就被称为'癔症'的神秘精神疾病,这种疾病会使人产生一系列自己罹患上各种重病的幻象"。安娜的癔症症状包括四肢瘫痪、视力障碍、严重的神经质咳嗽、厌恶食物和饮料、记忆力丧失(奇怪的是,她忘记了她的母语德语,只会说英语),并且会陷入弗洛伊德提出的法语里的"失神"(absence)状态。当时的其他医生皆认为癔症属于没病装病,因此用严厉和轻蔑的态度对待患者,布洛伊尔却全身心地对待着这个美丽、聪明的21岁女孩,对她的痛苦表示同情,并且通过"仁慈的察看",终于找到了帮助她的办法。布洛伊尔被她在失神时那种喃喃自语的方式所震惊,于是想到了对她催眠,并以那些喃喃自语的内容为起点,让她讲述自己"深刻而忧郁的幻想",这些幻想大都是关于她在父亲病床边无助的样子。说出这些忧郁的沉思后,安娜感觉好多了,并称呼治疗过程为"谈话疗法"。在她"被催眠,且被一种充满慰藉的情感表达引导着去回忆这种症状第一次发生的场合和诱发症状的契机"之后,她的症状很快消失了。安娜最棘手的一个症状是,尽管非常口渴,但她对饮用水却有一种病态的厌恶。当她忆起自己曾经看到她的英国女友的小狗从一只玻璃杯里喝水,症状就消失了。小狗喝水这一幕让她充满了厌恶和愤怒,但她出于礼貌压制了这些感受。直到被布洛伊尔催眠,在恍惚状态下,她才能表达这些感受,随后她要了水,喝了很多,从此再也没有被她的饮水恐惧症困扰过。渐渐地,通过对其他精神创伤的回忆,相关的症状陆续消失,"治疗也画上了句号"。

读过欧内斯特·琼斯(Ernest Jones)的弗洛伊德传记的读者都知道,这本书小心翼翼地删去了使安娜的治疗戛然而止的一个灾难性事件。"关于在这场新奇的治疗结束时所发生的特殊情况,弗洛伊德向我描述的比他在自己著作中提及的要全面得多,"琼斯继续透露道,

> 布洛伊尔似乎对令他感兴趣的患者产生了我们现在所谓的强烈的反移情。总之,他如此全神贯注,所聊话题都与安娜相关,以致他的妻子对此感到厌倦,不久就变得嫉妒起来。她没有公开表现出来,只是常常不高

兴、闷闷不乐。因当时思绪在别处，布洛伊尔过了很长一段时间后才揣摩出妻子的心思。这激起了他的强烈反应，也许是爱和愧疚的共同作用，他决定结束治疗。他向已经好多了的安娜宣布了这一点，并向她道别。但那天晚上，他又被叫回去，发现安娜处于极度激动的状态，病情像最初一样严重。根据他的说法，这名患者似乎是无性之人，且在整个治疗过程中从未对这个禁忌话题做过任何叙述，但她此刻却处于一种歇斯底里的分娩（即假性分娩）阵痛中，理论上说，这是为了回应布洛伊尔的照顾而潜移默化地发展出的假性妊娠。布洛伊尔虽然深感震惊，但还是通过催眠使她平静下来，然后冒着冷汗逃离了那座房子。第二天，他和妻子前往威尼斯开始度第二次蜜月，期间怀上了一个女儿；而这个在如此古怪的情况下出生的女孩儿大约60年后在纽约自杀了。[1]

在最新的研究《治疗的革命：从梅斯梅尔到弗洛伊德》（*The Therapeutic Revolution: From Mesmer to Freud*）中，两位法国精神分析学家莱昂·切尔托克（Léon Chertok）和雷蒙德·德索绪尔（Raymond de Saussure）将布洛伊尔面对安娜时的恐慌与弗洛伊德面对类似的色情刺激（患者用手臂搂住弗洛伊德的脖子）时的冷静进行了颇具指向性的对比，并提出一个有意思的概念，即弗洛伊德对移情的发现（且不论其是否有效）其实是一种防御措施，一种"预防"，旨在对治疗关系去个性化并在患者和医生之间插入"第三人"，就像做妇科检查时在医生旁边站着的护士一样。"在弗洛伊德的发现之前，"他们写道，"心理治疗师一直在有意识或无意识地被这种治疗关系中可能出现的情色并发症所困扰。不过，他们从此可以放心了。"布洛伊尔把安娜的感情看成因他个人而起，相反，弗洛伊德发现，移情是他那不断提出请求的患者纠缠不休的结果，这就是一般知识分子和天才的不同之处。正如切尔托克和德索绪尔假设的那样（这种假设并没有减损弗洛伊德的天才），这种差异也可以区别出一个对自己的性魅力有自信的人和一个对自己的吸引力不太确定的人——不自信的人不相信一个女人会觉得他令人无法抗拒，于是才不得不四处寻找对她行为的其他解释。

1882年，弗洛伊德从布洛伊尔那里听说了安娜的案例，这给他留下了深刻的印象，但直到7年之后，他才冒险走上那条把精神分析师吓得落荒而逃的道路。1886年，师从伟大的神经学家沙可（Jean Martin Charcot）的弗洛伊德从巴黎学成归来，在维也纳以神经疾病专家的身份开始执业。沙可使他意识到了癔症的心理性病因。在20个月的时间里，弗洛伊德通过电疗（根据埃尔伯教科书中的说明），辅之以沐浴、按摩和米切尔休息疗法治疗患者，却深感徒劳无功。在接下来的16个月，他用催眠暗示进行治疗，但同样无效。最终，在1889年，他尝试了布洛伊尔的宣泄疗法，然后发现，正如他在克拉克讲座中所报告的那样，"我的经验与他完全一致"。然而，没过多久，弗洛伊德对这种方法也感到不满了。诱导催眠对他来说并不容易——他似乎并不擅长催眠，只能让一小部分患者进入理想的催眠状态。从以下他和布洛伊尔于 1895 年合著的《癔症研究》（*Studies on Hysteria*）中关于他试图让患者进入催眠的描述来看，情色并发症对他来说反倒成了最易解决的烦恼：

> 我很快就厌倦了发出诸如"你就要睡着了！……睡吧！"之类的保证和指令，也厌倦了听患者在催眠程度较轻时经常向我提出的抗议："但是，医生，我并没有睡着，"然后我不得不做出非常棘手的分辨，"我指的不是通常意义的睡着，是催眠。你看，你被催眠了，睁不开眼睛……"

弗洛伊德开始思索：是否可以在不做催眠的情况下让患者宣泄出来。他对此进行实践尝试的勇气来自在南锡那些天观摩的一个实验，该实验由一位名叫希波利特·伯恩海姆（Hippolyte Bernheim）的医生实施，这位医生也在使用催眠暗示治疗癔症。伯恩海姆的实验证明，如果催眠师确切地坚持患者确实记得，且反驳患者并不记得的那些抗议，那么，从催眠状态中醒来的患者是可以被诱导回忆出催眠中所发生的事情的。弗洛伊德尝试对他的患者进行类似的强制措施,结果真的奏效了。"就这样,我在不做催眠的情况下成功地从患者那里获得了所需的信息,且用在了将被他们忘记的致病场景与遗留下来的症状之间建立联系上。但这是一个费力的过程,从长远来看,这是一种颇让人筋疲力竭的方法;而且,它并不适合作为一种永久性的技术去使用。"

然而,从这个艰难费力的过程中,弗洛伊德获得了至关重要的见解:他假设患者体内有一种力量,它将这些致病体验先从意识中驱逐(弗洛伊德称之为"潜抑")出去,而它的对应物("阻抗")又将这些体验锁定在意识之外。弗洛伊德在克拉克讲稿中提出:所有这些体验都涉及一种愿望冲动的浮现,这种冲动与主体的其他愿望明显相反,且被证明与其个人的伦理和审美标准不相容,因此必须被"潜抑"。例如,他的一位患者(伊丽莎白·冯·R.)抑制了想与自己的姐夫结婚的愿望,这个愿望在姐姐临终时再次苏醒,这让她如此恐惧,把它变成了歇斯底里的症状。弗洛伊德在克拉克大学的第一次演讲稿中写道:"那些歇斯底里的患者都在遭受着回忆的折磨。"直到他用强制技术迫使记忆回到伊丽莎白的意识中,她才得以摆脱这段记忆的致病力量。

最终,弗洛伊德不再干涉患者,而是允许他诉说任何想表达的内容,就此,弗洛伊德找到了(或者说偶然发现了)沿用至今的精神分析法。"允许"这个说法(用弗洛伊德在克拉克讲稿中的话)还不足以据实体现自由联想的过程。在《梦的解析》(*The Interpretation of Dreams*,1900)中一段广为人知的段落里,弗洛伊德将患者暂停自己的评判、把浮现于脑海中的任何浅薄、无关紧要或不愉快的想法说出来的这种举动，比喻为一个诗人的创作过程。他引用了席勒（Schiller）1788年回复一位朋友的信，这位朋友曾抱怨文学作品索然无味：

> 在我看来，您抱怨的理由似乎根源于您的理性对想象力的限制。为使我的说法更具体，我来打一个比方。一方面，如果让理性站在门口对涌入的想法进行过分仔细的检查，这似乎是一件坏事，对思维的创造性有害。孤立地看，一个想法可能看起来琐碎或荒谬，但它可能会因紧随其后的另一个想法变得重要，倘与其他同样看起来荒谬的想法相结合，也可能形成最有效的联结。理性无法基于这个想法形成观念，除非它将这个想法保留足够长的时间并与其他想法联系起来。另一方面，创造性思维的出现是因为理性——在我看来——放松了对大门的守望，让各种想法杂乱无章地涌现，它只能对这些做粗略的浏览和潦草的检查，只有这样，创造性思维才有机会进来。你们这些批评家，或您随便怎么自称，对所有真正有创造力的头脑中存在的短暂和一时的放纵感到羞耻或害怕，而恰恰是这种放纵持续时间的长度才将思考的艺术家与梦想家区分开来。您抱怨您的无果而终，是因为您拒绝得太早，偏见太严重。

第一章　精神分析理论的构建与发展

正如很少有人能像席勒那样写诗，也很少有精神分析的患者——即使有的话——能够轻松地做自由联想。在取得良好效果之前，今天的分析师不会期待自由联想过程能够在精神分析学说中站稳脚跟。事实上，有些人会将真正的自由联想的出现视为精神分析结束的标志。但在1900年，弗洛伊德正着迷于他的伟大发现（据英国精神分析学家兼标准版弗洛伊德作品的编辑斯特雷奇的说法，这不亚于是"对人类心理进行科学检验的第一工具的发明"），低估了自由联想的复杂性和矛盾性。"做到放松理性之门的监视、采取不加批判的自我观察态度，这一点儿都不困难，"他在《梦的解析》中天真地说，"我的大多数患者在接受了第一次指导后就做到了。"

自由联想——正如弗洛伊德所描述的——相当于"分析师借助于一些简单的解释工具从矿石中提取贵金属成分"，这就导向了梦的解释，因为患者的自由联想经常把他带到前晚的梦境。弗洛伊德在1914年所著的《精神分析发展史》（*On the History of the Psycho-Analytic Movement*）中写道："我决定跟随一种模糊的预感，用自由联想代替催眠，它成了我所采用的技术创新的第一个成果。"他继续说："我求知的最初目的并不是去理解梦。我想不出会有任何外部影响将我的兴趣导向它们，或有任何有用的期待激励我这么做。"通过对梦的某些部分进行联想，患者可看穿梦的伪装；这些联想会引导他从记忆中梦境的欺骗性的"显性内容"转向深层的"隐性内容"，而愿望正寄宿于此。在《精神分

精神分析：一项极具挑战性的职业

析发展史》中，弗洛伊德回忆说：

在最初几年的艰苦分析中，我必须同时掌握针对神经官能症的治疗技术、临床现象和治疗方法，对我来说，释梦成了一种安慰和支持。那段时间我完全孤立，且身处大量问题和重重困难之中，我常常害怕失去方向，也害怕失去信心。在我的假设——神经官能症必然能通过精神分析变得可理解——被证明为真实不虚之前，某些患者已经历了很长一段时间的治疗。但患者那些被认为与其症状相关的梦境，几乎总是能验证我的假设。正是这个方向上的成功支撑着我继续工作下去。

在19世纪90年代后期，弗洛伊德在做自我分析时对自己的梦进行了研究，发现"童年时期的印象和经历在人的成长中发挥了不可思议的重要作用"，他在克拉克讲座中描述道："在梦生活中，一个人内在的孩子似乎在追求自己的存在，并保留着其所有的特质和愿望冲动，即使它们对以后的生活没有用处。由众多的成长、压抑、升华和反向作用形成的不可抗拒的力量让你理解：一个有着完全不同的天赋才能的小孩藉之成长为我们所谓的正常男人，他既是一个在痛苦中习得的文明的传递者，在某种程度上也是其受害者。"

除了自由联想和梦，弗洛伊德继续引用（我们在第三次克拉克讲座中读到的）进入潜意识的第三个入口：各种小的"过失行为"或"表达失误"——如口误、误读、忘记名字、遗失和破坏物品等，我们每天都在借此出卖着自己。这些琐碎的行为提供了人们潜意识动机的线索，激励着分析师相信精神决定论，即我们所做的任何事情都不是武断的、偶然的或无意义的。

弗洛伊德在这里停下来，毫无例外地对精神分析的反对者作了一次抨击，将他们与受阻抗支配的患者进行了比较。"正如我们在患者身上所看到的，我们也经常在反对者那里意识到：显然，他们受到情绪的影响，判断力被削弱。"他写道。这个论点让读者陷入了困局。一方面，这种说法冒犯了他所强调的公平观，把对手的反对归咎于对方脑袋越来越糊涂，这个观点无疑是最荒唐的人身攻击。另一方面，这又是一个无法否认的说法，尤其对于那些因情绪激烈而削弱了自己的判断力，继而感到虚弱无助的人而言——然而，谁又不是这样呢？

在讲座的第四课，弗洛伊德先以"令人惊讶的是，精神分析研究往往会将病人的症状追溯至其性生活的印象方面"这个观察开始。弗洛伊德对这个概念的不被接受做了回顾，注意到同事们一开始并不相信它，而且，他自己也是在大量临床经验的推动下才不情愿地"转变"至此的。他补充说："也不是患者的行为让我们轻易地去相信这个概念的正确性的。""患者不会心甘情愿地向我们提供有关个人性生活的信息，反而试图采用一切力所能及的手段来隐瞒它。人们通常对性问题不那么坦率。他们不会随意地展示自己的性事，而是隐瞒他们，像是穿着一件用谎言织成的厚大衣，仿佛性世界里的天气非常糟糕。"从弗洛伊德在1887~1902年写给他的朋友威廉·弗里斯（Wilhelm Fliess）的信中可以看出，19世纪90年代维也纳的性气候究竟有多糟糕（这些信在第二次世界大战后公布于世并于1950年出版）。1893年，弗洛伊德在寄给弗里斯的一篇题为"神经官能症的病因学"的论文草稿（他嘱咐弗里斯不要让他年轻的妻子看到它！），就在其中描绘了当时维也纳性生活的画面，它完全是易卜生式的忧郁和宿命论的重现。所有的选择都令人失望：一个年轻人要么因买春而患上梅毒和淋病，要么因手淫而患上神经衰弱，女人则在嫁给神经衰弱（因此变得无能为力）的男人后变得歇斯底里；那些（强制）中断性交以避免受孕的女性和男性也都变得神经质起来。"因此，整个社会似乎注定要成为无法治愈的神经官能症的牺牲品，这些病症将生活的乐趣降至最低点，破坏了婚姻关系，并给整个下一代带来遗传意义上的毁灭。"弗洛伊德凄凉地总结道。

1897年，弗洛伊德经历了一场思想革命，这场革命使他从性的萎靡不振这种严酷但不起眼的社会学观点转到婴儿期性欲和俄狄浦斯情结这些具有革命性的心理学理论上。事实证明，内在与外在的情况一样严峻：即使我们没在性心理发展阶段的沙滩上搁浅（成为变态、同性恋或强迫症类型），我们也会陷入俄狄浦斯式哀伤的重压之下。没有人能毫发无损地度过童年；几乎无人能平安到达有能力爱和发展异性恋的成年。神经官能症患者和正常人之间的区别仅仅是程度不同而已,弗洛伊德在克拉克的最后一次演讲中说:我们都"过着一种幻想的生活,试图用愿望中的满足来弥补现实的不足"。与以下两种人——有能力将愿望变成现实的行动者以及把希望转变成作品的艺术家——有所区别的是,神经官能症患者通过症状来逃离现实。弗洛伊德说:"今天,神经官能症取代了修道院,后者曾经是那些对生活感到失望或无力面对生活的人的避难所。"

在结束克拉克系列讲座时,弗洛伊德提出了一个问题,即在精神分析治疗后,在释放了神经官能症患者那些被压抑的潜意识愿望后会发生什么。他会成为一个放荡之徒以及反叛者吗?弗洛伊德说,这绝对不可能。在大多数情况下,"潜抑会被谴责性的评判所取代"。现在,前神经官能症患者会慎重地选择不做他以前隐约想做但没做过的事情;他的"更好的"冲动,而非不成功的(症状引发的)潜抑,会让他放弃这些。或者,他可能"升华"婴儿期的愿望,也就是说,会将最原始的性目标转化为具有文化和社会价值的目标,同时保留其基本能量。或者,最后,他可能会选择为自己争取些微的性快乐。弗洛伊德在这里对过于严苛的社会性潜抑提出了抗议(正如他在20世纪二三十年代继续做的)。"我们的文明标准使大多数的人类组织生活变得过于艰难,"他写道,"我们不应该把自己抬高至完全忽视天性中具有的原始动物本能的程度。""但我们也不应该忘记,个人幸福的满足是不能从我们的文明目标中被抹掉的。"

精神分析：一项极具挑战性的职业

1909 年，弗洛伊德就精神疾病的治疗所提的谦逊要求［"任何想靠治疗神经官能症患者谋生的人必须有能力做一些事情去帮助他们"，在《自传体研究》中，他敏锐地观察了自己的这种拙劣尝试］出人意料地孕育出了关于人性的庞大思想体系——精神分析，它在我们这个世纪的知识界、社会、艺术和日常生活中遍地开花，成为自基督教之后无可匹敌的文化力量（这么说并不算太过分）。（弗洛伊德本人更喜欢将精神分析的革命性学说与哥白尼和达尔文的革命性学说联系起来，其中哥白尼学说指出地球不是宇宙的中心，达尔文学说则指出人类并非唯一的创造物，而这第三个学说则表明一个人甚至不是他自己的主人。）这就好像：一个单打独斗的恐怖分子本来只想在自己的地窖里制作一个普通的爆炸装置去炸毁当地的啤酒厂，最后却莫名其妙地找到了制造氢弹的方法并炸毁了半个地球。这颗炸弹的余波至今尚未平息。甚至我们也不清楚原先瞄准的神经官能症患者是否被炸伤了；精神分析疗法的有效性尚未被"证明"，也没有哪个分析师声称它有效。

在由弗洛伊德的大发现引致的"大爆炸现象"后不久，也就是在克拉克演讲期间，精神分析史学家注意到了一个岔路口的出现。其中一条道路向外通向大众文化，扩展成为受精神分析影响的林荫大道——精神分析思想进入精神病学、社会哲学、人类学、法律、文学、教育和育儿学的多车道并行的超高速公路。而另一条则是精神分析疗法的狭窄、幽深的道路：它隐秘且只有少数人（分析师和患者）走过，路边矗立着几幢带有阴影的破旧大楼（培训机构和分析协会），路标（科学论文）则高深莫测，这也正是阿龙艰难跋涉的一条路。至于弗洛伊德本人，这两条路他都走过，一面通过其著作如《达芬奇》(*Leonardo da Vinci*)、《图腾与禁忌》(*Totem and Taboo*)、《群体心理学》(Group Psychology)、《摩西与一神教》(*Moses and Monotheism*)将精神分析的观点扩展到文学、艺术、传记、人类学和社会哲学领域，同时，另一面又坚持着精神分析的理论和临床核心。

1910年至1915年，当时已聚拢了一小群同事，弗洛伊德发表了一系列关于精神分析技术的短篇论文，这体现出他逐渐认识到"使潜意识意识化"并不像他最初所想的那样简单。通过对患者的治疗，他对这项任务的复杂性有了新的认识。在一篇名为《"野蛮"精神分析》("'Wild' Psycho-Analysis"，1910)的论文中，他嘲笑（自己）有"一个早该被取代的想法，即患者因无知而患病，如果能传递给他有关信息来消除这种无知（如疾病与其生活的因果关系、他的童年经历等），他就会痊愈"。他接着尖刻地指出，"用这种办法治疗神经官能症症状，就如同在饥荒时期给人们分发写有菜单的卡片来应对饥饿一样"。在《论治疗的开始》(*On Beginning the Treatment*，1913)一书中，弗洛伊德讽刺了那些迫不及待地想要揭开患者可怕的潜意识愿望的分析师："一个人要自满和轻率到什么程度，才会使他在相识不久就告诉一名完全不具分析知识的陌生人说，他是因为乱伦的关系而依恋着母亲、他心中其实希望自己深爱的太太死去、他隐藏了背叛长官的意图等！"在同一篇论文中，弗洛伊德列出了在古典分析中或多或少尚保持完整的各种临床设置。他建议分析师按小时为单位出租时间，患者无论来与否都要承担费用，并不带感情地补充道，"除了严格遵守按小时出租时间的原则去做数年的精神分析之外，再无其他方式能让一个人强烈地意识到其日常生活中那些诈病和缺席背后心理因素的重要性了"。分析家们在这方面倾向于效仿弗洛伊德，但也有几个值得注意的例外，例如已故的弗里达·弗洛姆－赖希曼（Frieda Fromm-Reichmann），她就无法向错过治疗约定的患者收费。［她在《密集心理治疗的原则》（*Principles of Intensive Psychotherapy*）一书中写道："我觉得精神科医生不能将自己排除在文化的公序良俗之外，即不能在未提供服务的情况下获得报酬。"］弗洛伊德提出的另一条实用的建议也得到了认可：精神分析师不应该为收取高额服务费感到羞耻，应该定期收取费用，不应该接受免费的患者。（弗洛伊德曾尝试过免费治疗——毕竟他尝试过几乎每种方法——想看它是如何起作用的，最终报告说这并不奏效："免费治疗极大地增加了一些神经官能症患者的阻抗……因缺乏向医生付费所带来的调节性效果，所以治疗让人感到非常痛苦；整个治疗关系脱离于现实世界，患者被剥夺了渴望结束治疗的强烈动机。有个嘲讽的说法，即精神分析师假惺惺地声称其高收费是'为了患者好'或是'治疗的一部分'，可能就源于对这段文章的误解。"）[2] 精神分析的物理设置——如患者躺在沙发上,分析师坐在他身后——也在《论治疗的开始》中被讨论到。弗洛伊德称这种安排是"催眠方法的残余",并坦率地说,他之所以继续这样做,是因为他不喜欢整天被盯着看,而从分析观点来看,更重要的是,它可以避免产生"不自觉地与患者的自由联想相混杂的移情",这样就可以使移情作为一种阻抗被更加迅速地缓解。

在《对践行精神分析治疗的医生的建议》("Recommendations to Physicians Practicing Psycho-Analysis",1912)中,弗洛伊德描述了精神分析师必须学习的倾听患者的独特方法。它不同于普通的倾听,就像患者的自由联想不同于普通的谈话一样;事实上,它是自由联想的另一面。弗洛伊德写道:"它需要分析师将注意力不集中在任何特定的事情上,并对听到的所有内容保持同等'均匀的悬浮注意'(正如我所说的那样)。"他警告分析师不要让任何东西——首先是治疗的企图——阻碍倾听时那种无目的、禅宗般的无欲望状态,"分析师此时要将自己的潜意识变成一个接收器,以此接收患者的潜意识传递过来的信息"。他将分析师比作外科医生,"将你所有的感觉,甚至同情心放在一边,将精神力量集中在尽可能熟练地操刀手术这个单一目标上"。(弗洛伊德在他的著作中重复拿外科医生比喻分析师,但这个类比在文章中似乎最不恰当——他有点牵强附会地把一个精通于放松身心、如同一株懒洋洋地屈服于性向法则的长茎植物般俯首于患者的精神分析师,与一个冷静坚定、全神贯注在手术操作中的外科医生作比较。这种不协调可能源于弗洛伊德自己的挣扎,他试图将精神分析中难以处理的发现与他所受教的亥姆霍兹科学学派的有序实证主义相调和。他早期未完成的《精神分析引论讲座》一文就是他为自己发现的心理现象寻找生理学根源作出的艰苦努力,但这注定是失败的。)

弗洛伊德在1912年提出的其他"建议"后来成了精神分析治疗的标准:分析师自己应该接受分析;他无须一再使用反馈给予患者自信("对于患者来说,医生应该是不透明的,就像一面镜子,只呈现自己看到的东西");他不得试图以任何方式教育患者或在道德上影响或"改善"患者。"作为一名医生,最重要的是必须接纳患者的弱点,能够为对方重新获得了一些工作能力、赢回了适当的价值感到满意和喜悦。"即使在现代人听来,一个医生提到他患者的"价值"都是很奇怪的,早先在《论精神治疗》("On Psychotherapy",1905)中对这个问题的讨论听起来更让人感到奇怪:

> 分析师应该超越患者的疾病,对他的整个人格形成一个评估;应拒绝那些没有受过合理程度的教育和不具备相当可靠品格的患者。不要忘记,既有某些健康的人,也有某些不健康的、在生活中什么也不擅长的人,他们都有一种倾向,即一旦出现任何神经官能症状,他们就会把一切使自己丧失能力的事情归咎于自身的疾病。

当弗洛伊德探索自我心理学的复杂性时,他不得不修改这种关于人类容易堕落的粗暴观点,去了解疾病和性格的密切相关性——但了不起的是,他从未改变过精神分析治疗要去道德化的深刻观点。"将患者歇斯底里的痛苦转化为普通程度的不快乐"(《癔症研究》)仍然是精神分析的朴素纲领,它不像阿尔弗雷德·阿德勒(Alfred Adler)、哈里·斯塔克·沙利文(Harry Stack Sullivan)、埃里希·弗洛姆(Erich Fromm)和卡伦·霍尼(Karen Horney)等修正主义者那样会夹带给患者"自我提升"或"自我实现"的私货。赫伯特·马尔库塞(Herbert Marcuse)在他的《爱欲与文明》(Eros and Civilization)一书结尾的"对新弗洛伊德修正主义的批判"中,冰冷地审视了那些修正主义者们著作中弥漫的有关自我提升以及积极思考之威力的论调,对他们所主张的科学严肃性进行了一番嘲笑。同样的说教氛围也弥漫在克恩伯格和科胡特等现代新弗洛伊德学派的著作中。克恩伯格对自恋患者的"临床描述"就像一部19世纪小说中的段落,分类编录了恶男恶女的道德缺陷。科胡特对他那些"肤浅""浮夸""以自我为中心""嫉妒""剥削""空虚"的患者使用了一种更为田园牧歌般的语气,但他的意图似乎同样着眼于对人责备和劝人改进上。

在《回忆、重现与修通》("Remembering, Repeating, and Working Through",1914)中,弗洛伊德将他对知识作为一种治疗机制的否定增加了一个新的维度。当他以自由联想代替对患者的催眠时，目的仍然是促进患者的思绪回溯——弗洛伊德所寻求的这种"贵金属"是患者关于精神创伤的记忆。现在，弗洛伊德明白，没有必要再与患者对回忆的阻抗作斗争了。医生只需要观察患者目前的行为，因为即使"患者不记得任何他已忘记或压抑的事情，他也会付诸行动，当然，他本人并没有意识到自己在重现这些"。弗洛伊德继续说，"例如，患者不曾提到记忆中自己蔑视和批评过父母的权威，然而，他对医生的行为却表现了这一点；他不记得自己曾对某些性行为感到很羞耻，害怕被发现，但他却明确表示，他对现在的治疗感到羞耻并试图对所有人保密"。弗洛伊德将这种现象称为"强迫性重复"，并且观察到，分析师的任务是将这些重复行为转化为记忆。分析师必须准备好"与他的患者持续对抗，将患者想要转化为行动的所有冲动保持在心理范围内；分析师如果能够通过对记忆的分析来处理患者希望在行动中释放的内容，就可以把它作为治疗的胜利来庆祝了"。在这里，弗洛伊德谈论的是，患者受被分析激活了的愿望的影响，可能会在离开分析之后做出一些冲动、愚蠢甚至危险的事情。他指出，现在的分析治疗比以前的催眠治疗要危险得多："催眠状态中引发的记忆会给人一种在实验室进行实验的感觉。另一方面，因为采用了更新的技术，那些在分析治疗中引发的记忆重现来自一段真实的生活，因此，它们就不可能总是无害或无指向性的。"为此，弗洛伊德提出了一个相当不美好的预防措施（后来不再被提倡）：分析师让患者同意在治疗期间推迟所有重要的决定，例如结婚或接受一份新工作——因为他以后可能会后悔的。

在写作精神分析技术论文期间，通过用潜意识和意识状态的空间排列的概念设想人的精神的构造，弗洛伊德的思考指向了潜抑和阻抗。在《精神分析导论》中，他用一个"粗略"的比喻，即让学生想象有一个大厅通道，它通向某个狭窄的小客厅。在这个（潜意识的）大厅里，当精神冲动试图越过站在小客厅门口的守卫时，它们会"相互碰撞"，弗洛伊德将这些精神冲动命名为前意识。大多数冲动的结果是立即被守卫击退了，或者，即使能从守卫身边溜进小客厅也会被拖回来（后者就是被压抑的潜意识想法）。少数被允许进入小客厅的冲动尚不是有意识的，它们可能会成为意识，也可能不会，这取决于它们是否"成功地引起了意识的注意"。弗洛伊德将这只"眼睛"定位在前意识小客厅的尽头。与潜抑和阻抗的重要边界相关的，并不是前意识和意识，而是前意识和潜意识。这种心灵的"地形"模型源自弗洛伊德关于梦形成的概念，它至今仍然是精神分析的核心。弗洛伊德在1923年的《自我与本我》(The Ego and the Id)中写道："是否具备意识的属性是深层心理学黑暗中的最后一束光。"然而，事实证明，它并不能提供足够强大的理论结构以承载越来越多的临床发现；随着时间的推移，弗洛伊德做的分析也逐渐增多，这个心灵地图模型开始摇摇欲坠，最后，它在潜意识的内疚问题上崩解了。为了应对有些患者并没有康复的事实——事实上，随着潜意识意识化，其症状似乎还恶化了——弗洛伊德设计了一种新的心智模型，提供了一种解决这个困惑的方法，并改变了分析师看待其分析任务的角度。此前，分析师将自己设想为一种媒介，将信息从（患者）潜意识的领域传递到不情愿的意识的耳朵中——即成为患者隐藏的激情和公开的道德观之间的介质。例如，在克拉克的演讲中，弗洛伊德（在他另一个"庸俗的类比"中）将潜抑比作在大学报告厅里当有人讨厌地大笑、喊叫导致讲座无法进行下去时所采取的措施。在这种情境下，观众中有三四个强壮的男人不得不把这个不守规矩的家伙赶出去，把椅子挡在门口防止他回来——这就像在精神生活中不可接受的愿望会被从意识中驱逐出去，且为此安装上一道潜抑的屏障一样。然而——弗洛伊德继续他的类比——把不守规矩的家伙赶出去可能只会让事情变得更糟；他可能会因为被开除而愤怒，可能会站在门外大喊大叫，用拳头猛击门板，制造比他在房间里时还要多的麻烦（压制总是失败的）。在这种情况下，弗洛伊德异想天开地提议，克拉克大学校长 G. 斯坦利·霍尔（G. Stanley Hall）博士必须出去和那个人对话，让他承诺行为得当、并向演讲者和听众保证自己愿意这么做，然后才让他重回大厅。弗洛伊德总结说，这个例子"比较恰当地演示了医生是如何用精神分析治疗神经官能症的"。

"消极治疗反应"的出现促使弗洛伊德构建了新的心智模型，于是，情况发生了意想不到的转变。一切就像他所描述的那样发生了：椅子路障被拆除，乖乖听话后的捣蛋鬼被允许回到礼堂，一切又都恢复了宁静——但讲师仍然无法说话！霍尔博士的努力显然是徒劳的。看来，那个发出巨大声响的人根本不是讲师不能继续的原因。是他们揪错人了！让演讲者不安的罪魁祸首是一个站在窗外唱着宗教赞美诗的人——这个人与一个砰砰敲门、不修边幅的流浪汉完全不同，他是一个无法言喻的高雅君子，G. 斯坦利·霍尔的同事！弗洛伊德开始意识到：将潜意识等同于肆无忌惮的本能而将意识等同于道德是行不通的。潜意识似乎也具有道德性，结果，正如他在《自我与本我》中所写，"如果我们依然采用表达和试探的惯常方式，例如从意识和潜意识之间的冲突中找出神经官能症的根源，我们就会陷入无尽的晦暗和困境之中"。

这个新的"结构理论"将心智理解为三个精神组织，即自我、本我和超我，希望以此带来其新的元素，而这三个组织分别代表理性、本能和良心（超我），它们会永久地相互冲突。在这种观点下，神经官能症患者是这样一个人：他的自我一方面与其内部对手有冲突，另一方面又要承担心灵面对外部现实的使者的责任，因此它变得很虚弱。（精神病患者的自我已经放弃了这种责任——就像它每夜在正常人身上所做的，我们称之为做梦。）分析师向陷入困境的自我提供帮助，并与它联手对抗其内部敌人（本我）。毫无例外地，问题的起因、虚弱的肇始总是会追溯到童年的——这种特殊的、宿命的、普遍的经历就是俄狄浦斯情结。它描述了一个小男孩与母亲做爱的梦想因害怕被阉割而破灭，超我的形成则成了恐惧留下的永久纪念品。"一个正常人不仅比他认为的更不道德，也比他所知的更道德"（正如弗洛伊德在《自我与本我》中描述的），这个自相矛盾的命题就是源于这种可怕的早期经历。弗洛伊德将道德与阉割焦虑联系起来——一个四五岁的"小情人"很快就永远放弃了对母亲的野心，当对他高度珍视的这部分的剥夺以既明显又残酷的方式宣布出来时，他就得出了一个无法逃避的结论：既然最坏的事情已经发生在女人身上，那她们一定比男人更不道德。弗洛伊德在《性别间解剖学差异的某些精神结果》（"Some Psychical Consequences of the Anatomical Distinction Between the Sexes"，1925）中写道："我无法回避这样一种观念（尽管我不愿表达），即对于女性，伦理道德的标准等级与男性不同。""她们的超我从来没有像我们对男性所要求的那样无情，那样客观，那样脱离情绪来源。每个时代的批评家都提出过针对女性的性格特征，如她们相比男性更缺乏正义感、她们对生活中的重大且急迫的事件准备不足、她们的判断更经常受到爱憎的影响，所有这些都可以通过上文推断的女性在超我形成时所做的修正来做解释。"他补充说："我们不应该偏离这些结论，尽管女性主义者对此矢口否认，这些人太急于强迫我们认可两性的地位和价值完全平等了；当然，我们也坦然接受以下两点：其一，大多数男性也远远没有达到男性的理想标准；其二，基于所有人类个体都会有双性恋倾向和交叉遗传，每个人身上都结合了男性和女性的双重特征，因此，对是否存在纯粹的男性气质和女性气质，现在仍没有定论。"

女性的俄狄浦斯情结和男性的背道而驰。当男孩因阉割威胁而害怕与母亲的恋情时,女孩则因不满母亲"虽把她带到了这个世界却没给她足够的装备",从而不得不对父亲产生绝望的爱。"没有哪个人能幸免于这样的创伤经历。"弗洛伊德在《精神分析纲要》(An Outline of Psycho-Analysis,1940)中提到俄狄浦斯情结时说。然而,"所有这些现象都可能会被当作童年岁月的主要经历,是早年生活中的最大问题,以及后来的不足之处的最重要根源,后来却完全被遗忘了,以致在分析工作期间对其所做的重建会遭到成年人最强烈的怀疑。事实上,对它的厌恶是如此强烈,以致只要尝试提及这个禁忌主题,患者都会沉默以待,甚至对此所做的最明显的提醒都会在一种奇怪的智力盲点中被忽视"。

虽然精神分析家们已普遍相信俄狄浦斯情结的存在,但对于它是否真的是童年期主要经历以及早年生活中的最大问题,人们还存在着广泛的分歧。有一些分析学派认为早期的经验更为重要。例如,克莱因学派将这一影响追溯到生命的第 1 年。他们在 6 个月大的孩子的儿语声和呕吐声中看到了最初微弱的内疚感——或者更确切地说,他们从儿童和成人的分析中重构了它——并将道德意识的形成提前到大约 9 个月时,那时,婴儿进入了他们所说的"抑郁状态"。这种布莱克式*状态反映出婴儿已惊恐地意识到他正在对母亲所做的事情,即他在吮吸妈妈的乳房时在上面留下了"洞"——于是,他想对此作出弥补。用温尼科

---

* 威廉姆·布莱克(William Blake),英国 18~19 世纪的诗人和画家,他认为人有 4 种精神状态,分别是理性、感情、力量、心灵。——译者注

特的话来说，这标志着"从前悔恨到悔恨的转变"。常规的弗洛伊德派分析师认为克莱因的这种理论重构既疯狂又荒谬（好像他们对阉割情结的重构被描述得如同非常普通的日常事件了）。今天，对相关经历是持有"前俄狄浦斯期"还是"前生殖器期"的立场是衡量分析师观念是否正统的标准。分析师越正统，他就越确定：每个成年患者身体里的那个被埋葬的孩子，是一个正在复活和重演俄狄浦斯剧情的四五岁儿童；分析师越前卫，他就越确定：这孩子是一个残障婴儿，正在重新经历他早期被抚养过程中的某些缺陷或创伤。正统学派并不否认重要的心理事件发生在婴儿期，但坚持俄狄浦斯时期占据精神分析的首要地位。相反，对于克莱因派和其他前卫派（客体关系学派）来说，与充满悬疑紧张的婴儿期心理剧相比，俄狄浦斯时期的事件显得苍白无奇且无关紧要。

　　随着超我的确立，弗洛伊德的心智结构理论赋予了俄狄浦斯情境的最终形式，但此时尚未引入俄狄浦斯情结。早在19世纪90年代，弗洛伊德就重新回到这个观点，因为他不安地意识到：患者所讲的那些关于童年诱惑的故事在很大程度上并不真实，而这正是他自信地构建儿童期创伤导致神经官能症的病因学理论基石。对结构理论的主要创新在于其新术语改变了分析师应对患者阻抗时的态度。在自我、本我和超我的对抗中，作为自我盟友的分析师在治疗关系中（自相矛盾地）成了一个更为被动的代理人。在最初阶段，分析师做的几乎只是在摇晃患者，好让他记起创伤性事件。后来的一段时间，对于患者是否充分遵守说出想到的任何事情这一基本规则，分析师展开了更难以觉察的斗争，最后甚至出现了完全自由放任的终极状态。安娜·弗洛伊德在对其《自我与防御机制》一书中介绍利用新材料做家庭主妇式的排序时表示，在这种新的机制下，患者（潜意识地）用为自己做辩护来抵抗分析的方式本身就成了分析的焦点，因为患者的防御不断重演，这反映了他特有的阻抗方式或"防御机制"。在当代精神分析中，对分析师来说，患者不遵守基本规则的方式至少与他遵守该规则时的方式一样引人注目。针对患者的不服从所做的研究是"自我的分析"，而对其服从所做的研究则是"本我的分析"，正如弗洛伊德在《可终结和不可终结的分析》中所说，分析工作"就像钟摆一样在两者之间不断地摆动"。对患者的移情也同样根据他们的自我或本我的起源进行分类。对分析师充满激情的爱或恨是早期本能冲动的重现。对分析师怀有的更微妙的不合理感觉，属于（患者的）自我对抗具有威胁的原始本我冲动的早期防御机制。安娜·弗洛伊德指出，防御比冲动更难把握，因为，当"本我的冲动"使患者感到不舒服和羞愧时，他非常乐于通过接受自己正在重复童年的体验来与之分离，但防御却是为他所熟悉的、感到舒适的、无可争议且"自我和谐的"存在方式，因此，把它视为移情要比把它当作"真实"更难。

与分析师难以让自己成为患者自我检查的一面镜子一样，这点对于患者也同样困难。毕竟，分析师是一个真实的人，具有

精神分析：一项极具挑战性的职业

真实的品质、特点和情感。自从弗洛伊德建立了我们现在所知的精神分析情境以来，精神分析师也一直与其以下的特质相对抗（或者说逃离）：它异于任何其他的人际关系；它有意放弃了普通人交往的细节和礼仪；它具有极大的反常性、矛盾性和紧张感。在严峻的情境下，分析师们和患者同样难以驾驭和抗拒，尤其那些天性很仁慈宽厚的分析师。弗洛伊德本人似乎从未完全了解（或有意忽视了）他的伟大治疗手段意味着什么。他的治疗方式是任何今天的古典弗洛伊德派分析师都做不到的——那就像是一种普通的人类互动，分析师可以对患者大喊大叫，赞美他，与他争论，过生日时接受对方送的鲜花，借钱给他，甚至和他一起八卦其他患者[3]。属于弗洛伊德式的早期分析家桑多尔·费伦齐（Sandor Ferenczi）比大师做得更为过分。琼斯在他撰写的弗洛伊德传记中重印了弗洛伊德在1931年写给费伦齐的一封信，在信中，弗洛伊德开玩笑地告诫费伦齐不要再亲吻他的患者了——这封信的幽默之处在于，它揭示了弗洛伊德对治疗的洒脱态度，也提供了费伦特的越界证据。"现在，请想象一下发表你的分析技术后的结果吧，"弗洛伊德写道，"每个革命者都免不了会被更激进的人赶出这个领域的。那些只思考技术问题的人会自言自语：为何一吻即止？肯定会有人得寸进尺'动手动脚'嘛，毕竟，弄出孩子来也没那么简单。然后，会出现更大胆的人，他们会做得更进一步，比如偷窥和暴露，很快，我们就要在分析技术中接受性挑逗和爱抚派对的全部内容了，其结果就是，分析师和患者对

第一章　精神分析理论的构建与发展

精神分析的兴趣都大大增加了……"

在今天的弗洛伊德派精神分析师中，对于哪些构成精神分析行为，哪些不构成，大家已具有相当普遍的共识。分析师尽可能地把自己限制在倾听患者并（有节制地）向他提供自己的猜想上——这被称为对其表达所做的潜意识含义的"解释"。分析师不提供建议，不谈论自己，不让自己被激怒，或卷入对抽象主题的讨论中，不回答有关家庭或政治偏好的问题，不表露自己是否喜欢患者，也不表达是否赞同他的行为。他对患者的行为尽可能中立、温和、平淡、谦逊、不干涉、不苛求，而他对生活中的任何人都不这么做——这种矛盾（现在完全可以预测到）的结果就是，相对于生活中更清晰，更具挑衅性的人，患者对这个寡淡、面目模糊的人物的反应更强烈、更生动、更复杂。在这个矛盾状态下，患者会很快过渡填充由分析师的沉默所造成的情绪真空，分析蓄势待发，启动起来很容易，结束也会跟着变得容易。如果患者认为分析师是一个冷酷无情、智力有限、愚不可及的人，他可能决定退出分析。事实上，弗洛伊德最初认为，在治疗开始时对分析师的积极情绪是进行分析的必要前提。尽管这点不再被接受（许多患者坚持在他们不喜欢的分析师那里接受分析），但分析师仍在继续寻找他们自己在中断、放弃或失败的治疗中所起的作用。也许导致患者逃离分析的原因并不全在于患者的负面移情反应，比如他朦胧地感觉到分析师对自己在性情上不太友善，即使没有纯粹的施虐，也会导致他远离分析师。因为，除了移情的复杂性，还有反移情的存在；也就是说，分析师对患者的不恰当反应来自他潜意识里误认为患者与自己过去的重要人物有关联。（在其最初、有限的含义中，反移情指的是分析师对患者理解的障碍，分析师必须努力克服这个障碍。近年来，反移情已经扩展到分析师对患者的所有感受。在此特别要注意那些由患者故意——尽管是潜意识下——诱导的感觉，这些要适当计入患者而非分析师的部分。）除此之外，还必须在复杂性中加上对于"真实"这个不可靠的、无法解决的问题的分析。因为移情的概念暗示了它是扭曲的，是假设对某些真实或更真实性状态的模糊处理。如果患者爱上分析师的"危险幻觉"（正如弗洛伊德在《精神分析纲要》中所说的那样）仅仅是一种幻觉，那么分析师必须"把患者从中拖离出来"，"一再地"向他展示"他所认为的新现实生活只不过是对过去的反映"，那么，如何看待患者已回归的"现实世界"呢？其本质是什么？对于患者与分析师之间的"真实关系"该由谁来判断？弗洛伊德对这个问题从来没有太大兴趣。他发现的虚幻关系毕竟是新的，而真正的医患关系却早已存在。但是，随着时间的推移，越来越明显的情况是，在精神分析界，医生和患者之间的关系与医学实践中的医患关系明显不同，而且，分析师们越来越专注于（并因此而分裂）"非移情关系"这个主题。不断延长的分析过程就是这种新兴趣的一个方面：在分析这种奇怪的前卫实验中，患者被分析几个月（早期患者就是这么做的），与现在很常见的8年或10年的分析大不一样。（当分析从治疗症状转变为改变人格时，即出于从本我到自我心理学的转变，自然也就需要更多的时间。）撇下这是否会对患者有益不谈，要想使双方之间这种独特且前所未有的关联随分析进程而持续，就必须在患者和分析师之间建立一种双方都能够容忍的临时模式。安娜·弗洛伊德1954年写道："出于（分析师）对移情要做严格处理和解释的必要尊重，我仍然觉得，我们应该留出空间，让人们认识到，分析师和患者也是两个真实的人，具有平等的成年人地位，彼此之间存在着真实的个人关系。我怀疑，我们有时完全忽视了问题的这一方面，没有承担起来对来自患者的一些敌对反应的责任，而只倾向于把这些反应归因于'真正的移情'了。"

在一次精神分析座谈会上，当讨论到纽约精神分析师里奥·斯通（Leo Stone）发表的《精神分析适应症状的扩展范围》（"The Widening Scope of Indications for Psychoanalysis"）的这一报告时，安娜·弗洛伊德直陈此看法，且由衷同意作者对分析关系抱有的人道观点。几年后，斯通在他的经典研究论著《精神分析情境》（*The Psychoanalytic Situation*，1961）中详细阐述了这一观点。而在这次研讨会上，他仅表达了自己对分析师过分热衷于扮演沉默、难以满足和不可捉摸的角色的恐惧，因为，这可能会颠覆当初预设的分析进程。斯通透露，在撰写早年的那篇论文时，他个人（也是分析师）是带着一种悲哀且怀疑的眼光看待20世纪50年代在纽约蓬勃发展的精神分析盛况（今天被惆怅地称为"精神分析的全盛期")的,那时"没有任何人类可以通过精神分析之外的方法得到解决"。斯通继续悲哀地指出,"同样,对于这种方法能带来的帮助,人们有一种近乎奇迹般的期待,这对它是很不公正的。绝望或严酷的现实处境,缺乏天赋或能力(通常被认为是"抑制"),缺乏适当的生活哲学,以及几乎任何慢性身体疾病都可能被带到精神分析中寻求治疗"。斯通发现,这种(对精神分析治疗的)高估最令人不安之处,是它隐含的"对人类生存状况的部分感性的丧失,忘记或否认了绝大多数人都会面临困境的事实。很多人可能更适合其他治疗形式,比如采用'老式'的方法:勇气、智慧或抗争;此外,很少有人能彻底或永远避免某些身体疾病,更不用说人们最后都会死于疾病了"。斯通甚至提出了一个令人吃惊的建议:"如果一个人在其他方面健康、快乐、有效率,而他罕见的头痛发作可以通过不吃龙虾来避免,那他不吃龙虾似乎比接受分析更好。"

在《精神分析情境》中,斯通坚持将发生在两个成年人身上暴风雨般的移情与反移情的原始剧情"框定"为平稳的关系:一方是医生,可靠,充满善意;另一方是患者,相对成熟,且负责任——只要他前来治疗、支付账单并将分析师的非常规行为视为"技术工具"而非对他的人身攻击。当然,在移情中,患者可能(且往往会)陷入他熟悉的那种被伤害、被剥夺、被拒绝和愤怒的感觉中。但他自我的一部分应始终"知道"不能完全信任这些感觉。斯通将患者的这种隔离和自我观察能力描述为"自我的良性分裂"（分裂成观察型自我和体验型自我两部分），他认为这对于分析过程的工作至关重要。他所担心的是，分析师不屈不挠的分析行为可能会动摇患者的观察型自我对分析师的善意所持有的信任，从而使体验型自我的天平倾斜到对分析师的恶意误解上，进而危及分析过程。"虽然，在大多数情况下，纯粹的技术或智力错误可以得到纠正，但如果在关键时刻未能给予患者合理的人本回应，而这种回应是任何人都不可避免地期望从他深度依赖的人那里得到的，这就可能会使（分析师）多年耐心且熟练的分析工作失效，"他说。在抗拒对弗洛伊德的"镜像原则"的过于死板和琐碎的应用时，斯通评论道："我怀疑，当患者知道（医生）度假地是佛蒙特州还是缅因州或（让我直截了当地说吧）医生对航海的了解确实比对高尔夫的了解要多时，其移情神经官能症的发展会受到严重干扰！"他补充道，"我认为，在经过充分和慎重的考虑后，分析师在遵从了该普遍原则——患者无须了解分析师的个人情况，或者分析师也无须回答患者的问题——之外并无其他更具体或更充分的理由，治疗师反复或总是故意拒绝回答患者的某些问题会对其移情造成干扰，而这种情况并不罕见"。[科胡特在他的《自我的分析》(*The Analysis of the Self*)一书中的脚注中非常简洁地说道："当一个人在被问到某个问题时保持沉默，这并非中立而是粗鲁。"]斯通辛辣地指出："多年前，一位年长的同事曾热情洋溢、引人向往地断言'即使自己是一只黄铜做的猴子'，患者也会对他产生同样生动的移情之爱，唉（谢天谢地！），这并不是真的。对所有患者来说，他们在一定程度上从精神病症中解脱出来，有赖于真实、客观的感知；要想让多变的感知和移情相互作用，就需要它们具有某种程度的相似性。"

在小心地将移情与"真实关系"的混淆作区分的同时，斯通还增加了一种复杂的元移情，他称为"初级移情"或"原始移情"。这与下面所提的潜意识有关，即斯通假设：患者对精神分析情境本身有所依附，这源于患者在婴儿早期对无所不能的父母的渴望。这种渴望是普遍的，可以被医生、政治家、神职人员、教师以及分析师激活。斯通将分别被医生和被分析师所激活的原始移情的含义作了一个有趣的（围绕他的论点指出的）区分。医生提供给患者直接的躯体和情感上的服务，这相当于婴儿早期那个"无所不知、无所不能、难以理解"的母亲，而分析师的行为则类似于（在无意识的回响中）婴儿尚在学习说话、学习与之分离的那几个月中的母亲，后者让婴儿感觉到了被拒绝，"彼时，这小婴儿正在放弃或减弱对母亲身体的亲密接触和对母亲的直接依赖，其速度可与令人瞠目的语言交流工具的快速发展相媲美"。正是在这种"亲密分离"或"亲密剥夺"的状态下，分析才得以进行，患者从言语亲近和情感疏离之间的张力中获得改变的力量。然而，斯通相信，那个早期的、令婴儿满意的母亲不应该完全被后来那个令人沮丧的母亲所取代——也就是说，要使分析过程比较顺利且成果显著，那个"动身度假"的分析师必须和那个工作中的分析师相融合。

斯通在这篇精美散文中的这种粗略概括堪比《金色情挑》（*The Golden Bowl*）里的"大学概要"。斯通将对人道、灵活性和常识的呼吁，注入到对一个复杂主题最精妙缜密、最博学深刻、最晦涩困难的思考中了。斯通之前或之后的那些分析师们虽都反对僵化的分析，但没有人像他那样权威和真诚。《精神分析情境》将深奥的技术、元心理学概念与普通的人类智慧融为一体的风格，让人联想起弗洛伊德的著作。事实上，斯通在精神分析学家中激起了除弗洛伊德本人之外很少有人能激起的那种崇敬。（斯通在专业领域之外几乎完全不为人知，这让人感到既奇怪又遗憾。）

目前，除了少数分析师外，几乎所有人都认同斯通有关分析师角色要具备人文主义的观点，这些观点颇具吸引力。反对派的领袖有查尔斯·布伦纳。布伦纳不具备斯通那样优雅的表达方式和亮丽的文学风格，但他是一个可敬的对手。他严峻的立场有一种冰冷的美。在一篇题为《工作/治疗联盟与移情》（"Working Alliance, Therapeutic Alliance, and Transference"，1979）的文章中，布伦纳对可以将移情和"真实关系"分开的概念进行了挑战。至于"治疗联盟"和"工作联盟"，它们分别是已故的伊丽莎白·泽策尔（Elizabeth Zetzel）和已故的拉尔夫·格林森（Ralph Greenson）创造的术语，用于表示移情下的积极成人关系。对布伦纳来说，所有这些分离和"框定"都是可疑的。他将"工作联盟"或"治疗联盟"视为一种上不了台面的交易，分析师借此想让患者服从，表面上看似既仁慈又人道，但实际上剥夺了患者对分析工具的充分使用。"假设分析师在一次治疗期间睡着了，或者忘记了与患者的约会，他应该道歉、解释并与患者讨论他这么做的原因吗？"布伦纳在他的著作《精神分析的方法与内在冲突》（*Psychoanalytic Technique and Psychic Conflict*，1976）中问道。对此，他给出了非常精彩的答案：

> 许多分析家会说：他应该……他们对此提出的论点很有说服力。然而，我相信，更好的做法是鼓励患者对所发生的事情表达他自己的想法和感受。只有这样，我们才能知道患者是将分析师的错误视为一种轻视而感觉到被冒犯和被激怒，还是将其视为咨询师的弱点，并为自己发现了它而感到高高在上和洋洋自得，抑或视为让自己发泄愤怒的难得的借口，等等。一个认真的分析师自然会对自己犯下这种错误感到后悔，他肯定会尝试通过自我分析来发现其行为背后的潜意识原因，但即使面对这样的事，他也会保持分析的态度，而不是在没听到患者的表达之前就推测这对患者意味着什么。不请自来地在社交或家庭场合中扮演分析师是很冒昧的，但在与分析患者的关系中，扮演任何分析师之外的角色都相当于犯了技术上的错误。

第一章 精神分析理论的构建与发展

几年前，布伦纳和斯通在纽约精神分析研究所共同主持了一个研讨会，专门就这些好的技术观点进行了辩论。"分析师应该对父亲刚刚去世的患者表达同情吗？"这是向会议领导人提出的问题之一。斯通说，他当然会表示同情。布伦纳说他当然不会。最近，在回忆起此事时，一位浪漫感性的年轻女性分析师宣称："查尔斯·布伦纳是一个非常善良的人。他可能不会对患者有所表达，但我相信他会以某种方式让对方知道，比如用他的眼睛表达他有多难过。"但她错会了布伦纳的观点。在"工作联盟"一文中，布伦纳重提了这种状况，并给出了（分析师）为何即使面对死亡话题也要保持分析中立的出人意料但无可争辩的理由：

> 确实，做一个传统意义上的"人"通常对分析师没什么害处。不过，在某些情况下，他作为这样的"人"很可能是有害的，人们往往无法提前知道那些情况何时到来。举个例子，如果分析师对一个刚刚失去亲人的患者表示同情，结果可能会让后者比在其他情况下更难以表达这种丧失带来的也许开心、也许怨恨甚至可能是表现主义式的满足。

这才是对个体经验的尊重，以及对人类脆弱性的慷慨宽容。

注　释

1.这段话最近受到学者的攻击。亨利·F.爱伦伯格、乔治·H.普洛克和阿尔布莱希特·荷西米勒的研究表明，布洛伊尔并没有突然抛弃安娜，而是将她送进了疗养院；布洛伊尔的威尼斯"游船之旅"并非发生在那个时候；本应在"第二个蜜月"期间怀上的孩子——布洛伊尔的小女儿杜拉——已经出生；而且，她不是在纽约而是在维也纳，当盖世太保敲她的门时自杀的。

2.桑多尔·费伦齐在他的论文《论精神分析技术的弹性》（1928）中讨论了费用的潜意识含义，内容如下：精神分析经常被指责过于关注金钱问题。我本人的看法是，对这点的关注其实太少了。即使是最富有的人也极不情愿花钱看医生。我们内在的某些东西似乎让我们把医疗援助当作了我们自动有权获得的东西，事实上，我们都是在婴儿期首先从母亲那里得到这些的，所以，在每个月底，当患者收到付费账单时，他们的阻抗被激发，所有隐藏的或潜意识的仇恨、不信任和怀疑再次出现。一个可以说明有意识的慷慨和隐藏的怨恨之间具有巨大差距的最典型的例子是，患者先提出："医生，如果你帮助我，我会把我所有的钱都给你！""你付给我每小时30克朗的费用我就满意了，"医生回答说。"但这样不是太过分了吗？"患者出乎意料地回敬道。

3.诗人希尔达·杜利特尔（H.D.）在她的《致敬弗洛伊德》一书中回忆了一个令人难以置信的时刻，发生时间是在

1933～1934年，正值她接受弗洛伊德的分析期间。当时47岁的诗人说了些什么——她说自己也不知道到底说了什么（！）——这位77岁的精神分析师愤怒地敲打着她躺着的沙发靠背说："问题是，我是个老人，所以你觉得我不值得爱。"希尔达·杜利特尔震惊之下直挺挺地从沙发上坐起来，一方面想这可能是弗洛伊德促进自由联想的某种手段，另一方面她也感到不安和震惊："他是一个非常可怕的老人，够老够超脱，既聪明又那么有名望，他是不可能挥动拳头，如一个孩子般在饭桌上敲打粥勺的。"在评估这一事件时，应该记住：第一，弗洛伊德把他的治疗式分析和他的说教式分析作了区分，认为杜利特尔女士是自己的一名学生，而不是患者；第二，杜利特尔女士的书是她对自己接受弗洛伊德的分析一种诗意、支离破碎、近乎幻觉般的回忆，而非对此所做的当天即时记录。

第二章
分析师的职业培训

"收到纽约精神分析学院的录取通知书时,我感觉自己像被注射了肾上腺素、安非他明和海洛因一样。我一生中很少如此得意洋洋过。我知道,我的生活从此将如我所愿。"在一个星期三的早上,阿龙在他的咨询室里对我说。他和我每周都在同一时间见面,就像在做治疗。空寂的沙发带着意味深长的神情望着房间。"虽然看起来破旧,但我并非一张随随便便的泡沫橡胶沙发,"它似乎在说:"我是这张沙发。"阿龙自己坐在一张大而松垮的橄榄绿色布艺的椅子里——这是他的固定座位,看着有点像一个放着惯用物什的窝:右边的台灯桌上堆满了书籍、科学期刊、信件、铅笔、笔记本,还有一个茶杯;左边的玻璃桌面上放

第二章　分析师的职业培训

了一叠纸巾（沙发套一用一换）、一部电话、一台小圆钟、一家制药公司的约见日历和一瓶正在枯萎的菊花。它让我想起一把久病之人的座椅。我坐在阿龙对面一张小而舒服的椅子上，在我们之间放着一张长凳，上面是我那部小巧、看来正在专心聆听的日本产录音机。"我曾讨厌医学院，"阿龙接着说，"它非人化、残酷，当我还在 B 地实习做住院医生时，我就了解到医院是一个非常可怕的地方——在那里，患者的需求被践踏，所做的一切仅是为了让其职工感到方便而已。当进入纽约精神分析学院时，我觉得自己离开了寒冷之地。我也申请了其他学院，但这里是我最想进来的，它是美国最古老、规模最大、最知名的分析学院，是哈特曼、克里斯、洛文斯、雅各布森、格林亚克、依沙克维尔、巴克、阿洛和布鲁纳的学校。唯一让我不快的事是要再次接受分析。我不明白为什么必须这样做。我觉得我已经被完整地分析过了。"

弗洛伊德要分析师本人接受分析的建议已成为精神分析教育的一个执着且核心之事。学生被称为"候选人"，会被指派给一位"培训分析师"接受其分析——在理论上，这与普通的治疗分析没什么不同，虽然不可避免地会存在某些细微的差异。阿龙用冷酷的声音继续向我讲述一件标志着他是从 B 处来到纽约的创伤性事件。

"当我被告知我的培训分析师的名字时，我感到有些安慰，因为派给我的是一位纽约精神分析界的精英，一位非常杰出的老年女性分析师,她是国际知名的作家和理论家,现已去世。坦率地说,我对这项指派感到受宠若惊——我感觉它和我自己的优越品质有关,所以在第一次分析时我既紧张又自大。我坐下来(候选人与他们将来的培训分析师先初步会面几次是一个惯例),我们开始交谈,大约15分钟后——在我告诉你发生了什么之后,你就能想象到那15分钟是怎样的情景了——这个身材矮胖、看上去和蔼可亲的老妇人突然气急败坏地一拍桌子,说道:'你真是个疯子!你就像一只牛虻!'她愤怒而厌恶地瞪着我。因为,我在这15分钟里一直在以反问的方式周旋、躲避、打断她的问题。但我没有意识到自己有多烦人,所以当那种原始的攻击突然冲我而来的时候,我完全被惊呆了。"

"你都做了什么?"我问他。

"没做什么。我很怕。我害怕自己会惹上麻烦。我害怕学院会把我视为麻烦制造者。我在医学院遇到过麻烦。我是一个非常粗鲁的人。但我不想和这个女人过不去,所以我变得谦逊、迎合。当这一个小时结束时,我温顺地问她什么时候开始真正的分析,什么时候开始需要我躺在沙发上?也就在这时候,她才露出她的本色。她后面说的话让我印象深刻,我会永远钦佩她:'请原谅我那样对你发火,你去找另一位分析师吧。分析不应从这样的场景开始。我并不适合你。你去找别人吧。'这才是人做的事。是的,她不应该那样对我发火。但我们两人中谁有勇气面对刚发生的这种事情呢?反正不是我。我太害怕了。我本来是愿意和她一起工作以避免麻烦的。"

"后来你找了另一个女分析师吗？"

"没有，他们给我安排了一个男性，一开始我还嫌弃他，觉得他是个平庸的人。我觉得他就是个路人。我认为他的工作骇人听闻，死板得像教科书一样。然而，这个分析既不骇人，也非按部就班。事实证明，他的工作质量非常高。我接受的这第二次分析更加彻底，比第一次要深刻得多。但我当时并不知道。我最初的态度是'你是谁？我从未听说过你的名字，即使在论文中你的名字也没出现过。你籍籍无名'。你看，我的第一位分析师就很有名，他是一个才华横溢、魅力四射的老人——是弗洛伊德之后的第一代分析家，一位来自奥地利的犹太人——他于20世纪30年代欧洲分析家大逃亡期间来到这个国家。他并没有完全隐姓埋名地做分析。相比我的第二位分析师，他的分析要随意得多，而且更具示范性、表达性和支持性。他的个人分析师是桑多尔·费伦齐，他把后者理想化了。在他的诊室里就放着一尊费伦齐的半身像，与曾分析过费伦齐的弗洛伊德的半身像在一起。因此，我可以将我的分析谱系追溯到弗洛伊德。你笑了，你应该笑的。这是一个荒谬的想法，这是最原始的家庭浪漫史——就像我的父母是贵族那我就是皇室后裔，诸如此类的。我现在知道了，但那时我没有这么想，而且，如果你知道曾有多少人进进出出于精神分析机构，而且每个人也都曾对自己的皇室血统抱有这些幼稚的幻想，你会吃惊的。"

我问阿龙他所说的精神分析"机构"是什么意思。他解释说，在这个国家，这种机构是在美国精神分析协会认可下形成的，该协会成立于1911年，即弗洛伊德在欧洲成立了国际精神分析协会的3年后。相对于督导着世界其他地方的国际分析学院及其社区的规则和标准，美国精神分析协会的规则和标准更严格、更僵硬。阿龙认为，美国的精神分析比世界其他地方的精神分析要更胜一筹。他对英国、欧洲和南美的精神分析的那种松懈和草率怀有蔑视。当然，还有一些人对美国的精神分析不以为然，批评美国精神分析协会对本职业的铁腕控制。实际上，美国精神分析协会最有争议的规定是要求会员必须出身于医生。这条规则制定于1923年，基于的理由是，如果它能与医疗机构保持一致，就会给苦苦挣扎的新职业带来它所需要的尊重。这一点达到了，但争论仍在继续，如这种策略的代价是否还不够——是否尚有很多不愿意接医学受训的良才被排除在外了。精神分析领域的一些杰出人才其实是外行人——如安娜·弗洛伊德、埃里克·埃里克森、恩斯特·克里斯，他们是其中最有名的几位。国际精神分析协会将这个问题留给各个机构自行决定，而大多数机构并不要求他们的成员必须是医生。弗洛伊德本人反对须持有医疗资格的要求，1926年，针对奥地利政府对无医疗背景的同事西奥多·雷克（Theodor Reik）提起的诉讼，他撰写了一本名为"关于外行分析的问题"的小册子，他主张对躯体治疗所做的培训与治疗心灵少些关联。菲利普·里夫（Philip Rieff）在《治疗的胜利》（*The*

Triumph of the Therapeutic，1966）中以挖苦的敌意指出，对医疗资格的要求带来了邪恶的后果：

> 现在，在某所分析学院正接受培训的当代分析师候选人往往直接毕业自某所教育方式错误的医学院，即便阅读弗洛伊德的案例报告和各种其他有关精神分析之发展和学说结构的课程也无法有所弥补。早期的心理分析师聚集在弗洛伊德身边时都是受过教育的人，而当代的精神分析学家在离开分析学院时还算不上受过教育了。这些学院不可避免地变成了大多数学生所热切希望的那种能为他们准备合格证书、使他们能在某个郊区过上美好生活且不用接让人头疼的患者的夜间电话的职业学校[1]。

希望在这个国家从事精神分析的那些缺乏医师资格的人，都是在阿龙（带着他毫不掩饰的势利态度并承认这完全缺乏正当理由）所说的"红眼航班"式的机构里接受过培训的，其中包括由那些精神分析的修正主义者创立的学院，如卡伦·霍尼学院和威廉·阿兰森·怀特学院，以及专门为非医生设立的，如由雷克于1946年创立的国家精神分析心理协会，而雷克是一位移民。局面之混乱、破碎对寻求精神分析师帮助的人带来了很大的困难。这还不算那些在暗地里向处于绝望困境中的人频频招手的令人可疑且彻头彻尾的欺诈治疗。

在构建精神分析机构的过程中，除了纽约精神分析学院外，在纽约还有纽约大学精神分析学院（前身为下州学院），它是在1949年由纽约精神分析学院的桑德尔·罗兰德（Sandor Lorand）悄无声息地成立的，另外还有哥伦比亚大学精神分析培训与研究中心，它是在1944年被桑德尔·拉多（Sandor Rado）从纽约精神分析学院中艰难剥离出来的。显然，这种野蛮分裂带来的伤疤至今仍由两个学院承受着。而阿龙对纽约大学精神分析学院的态度则是大哥对小弟式的：深情、宽容，对这个男孩明显的不成熟有点居高临下，但又钦佩和羡慕他的奔放、风格化和魅力。对哥伦比亚这个坏孩子，他只有苦涩和蔑视。

"分裂是好几年前的事了，"我问，"他们现在怎么样了？"

阿龙皱了皱眉头，用低沉阴郁的声音说道："他们倒是穿着讲究。"

我笑了。"这就是全部？"

"这还不够吗？"阿龙说。他也笑了。

"他们有没有告诉过你在纽约精神分析中心应如何着装？"

"没有。不过，我给你讲个故事吧。有一次，我刚毕业不久，我想要一件运动夹克，就去了爱芙趣服装店。我一眼相中了一件苏格兰呢黑白条纹软肩人字尼夹克，我想，就是它了！这就是我要的！于是我买下来，穿在身上，当时我想：太棒了！衣服一上身就让我感觉非常棒，我很喜欢它，这与我青少年时期关于良好着装的想法吻合。2年后，我遇到了2位同事——一个男人和一个女人——我经常和他们一起相互督导。某天，我就穿着我的这件人字纹尼夹克，当其中的那个男人进来时——他比我大10岁——我看到他也穿着一件和我的几乎一模一样的夹克。那个女同事转身对他说：'多么漂亮的夹克啊！'他说：'谢谢，我刚在布克兄弟服装店买的。是的，我也觉得不错。'当时我穿着同样的夹克坐在那里，做出一幅'嘿，看看我吧'那种类似自我讽刺的手势！但他俩继续谈论着那人的夹克。最后，他们终于注意到了我和我的衣着，我的同事笑着说：'不过，你知道么，纽约精神分析中心的每个人都穿这种夹克的。'于是我明白了为什么我对穿着这件衣服感觉如此之好。从那以后我开始打量四周，果然，这种夹克到处可见。"

"所以，他们没有教授如何穿得像分析师那样的课程。"

"他们不必这样做。你只需像我一样随意就可以了。"

我们将话题转回他在纽约精神分析学院的早期训练上。"一开始我就急切地想完成课程作业，"阿龙说，"我曾以散漫的方式自学了一点理论，现在，我想，我要从世界上最伟大的分析机构的伟大教师们那里学习整个精神分析的理论了。我并不太重视我将要做的督导下的分析案例。我认为自己已经是一名优秀的治疗师了——在做住院医师期间，我的表现一直是最好的，或接近最好，我想自己只是需要更多的临床实践而已。我将训练时的分析视为令人讨厌的、不必要的负担。因此，我是带着与我所就读的培训机构完全相反的价值观接受分析培训的。纽约精神分析学院（就像大多数机构一样）极其重视其培训分析课程。其次，它重视督导下的个案分析——从自己与督导的一对一的关系去看自己与个案的关系。书本学习的重要性远在这两者之下。现在，经过几年的训练，我的价值观因某种奇怪的巧合发生了逆转，变成了与学院的价值观一致。然而，课程的结果很令人失望。在某些例外的情况下会有好老师来上课，但大多数情况下都是无聊的讨论课，我不得不坐下来听那些知道得比我还少的同学们讨论的内容。上课时间是晚上，从8点30分到10点，每周3次。分析学院都是夜校；教师和学生白天都接待患者，因为大多数人已经在从事精神科医师工作。我一般是在结束了一天的医院辛苦工作后去课堂的，之后就一直带着疲惫、无聊和烦躁坐在那里。我的分析训练则让我大开眼界，逐渐改变了我。我意识到，我的第一位分析师不够严谨，或者说不够冷酷无情。他的技术并不怎么好。我是在第2年末开始接受分析的，如果不接受分析，我在医学院就会遇到更复杂的麻烦，是他帮助我熬过了各种困惑和沮丧。但改变我的是第2位分析师。在那之后我变得不再那么好战、粗暴、过于敏感和愤怒了。"

我问："你怎么知道是分析师改变了你，而不是因为你自己年岁在增长的事实？"

"你说的是一个非常普遍且根深蒂固的想法，"他说，"它想表达的意思是，在分析中发生的事情无论如何都会发生，随着年纪增长，人们会'自然地'发生变化，而分析师们会将那些并非由他们带来的变化归功于自身。我自己对我所接受的分析也这么想过，但我不得不让自己不那么想。我不得不提醒自己，我们的生活是怎样被严格地决定的——它非常可预测且一直在重复，它又是如何被塑造的，这种塑造曾经那么顽固以至于我们抗拒改变。如果我们认同这种想法所指的，即一个人能轻易改变，那就不会有到了四五十岁还在接受分析的人；因为，那时他们应该已经'自然而然地'变成了聪明、成熟、可以适度满足的人。今天，许多人在20多岁就开始接受分析了，他们和那些在生活上已变得无助、不断失望、一再重蹈覆辙、深陷困境、明白其自由极度受限之后才来接受分析的人一样，是不会这么想的。一个生活还没走上正轨的年轻人可能会自我欺骗地以为自己的生活有无限潜力，但事实上，他们的生活早已受限且被决定了。早些时候我也犯过这个错误，但我现在的年龄让我明白：如不接受分析，我的生活会是另外一番光景。"

"你的生活会有哪些不同呢？"

"它就会深受限制、充满苦涩、令人沮丧。在某种程度上我知道这些，是因为它依然如此，"艾伦抱憾地笑了，"你瞧，我尚未彻底改变。我不认为基本的人格结构能被永久改变。我们并没有这种可塑性。但是，有一个方面让我对发生在自己身上的变化印象深刻，那就是出现了替代症状。当我放弃某些人格特征时，就会出现某种急性症状。我在阅读时看到过这种现象，弗洛伊德写到过，但我从没想过它会发生在我身上。然而，它正在发生。随着我变得不那么令人讨厌、好斗、好辩，我越来越多地告诉自己：'见鬼，你不必再那样做了'——但我却越来越焦虑以前从未担心过的事情了。比如，随人群坐在剧院的阳台上。我还有了一种言说焦虑，这种焦虑至今还在，它真的让我感到很困扰。它妨碍了我的教学，还搞得我无法在大会上发言。我曾被邀请在美国精神分析协会的一次会议上发言，我本人是讨论者之一，讨论内容是某篇我特别感兴趣的关于某个主题的论文，这个主题就是弗洛伊德的双重本能理论，但我却不得不拒绝。我就是做不到。一想到站在华尔道夫的那个舞台上我就吓坏了。我感到自己有缺陷，也被这种症状羞辱到了。这可能是让我不得不重新接受分析的症状之一。"

"但这个缺陷有那么严重吗？它甚至是一种症状？"我问，"难道我们不是都有做不好或根本做不到的事情吗？"

"我对此的直接反应是，'嗨，如果我真有缺陷，就让它出现在不影响我职业抱负的领域吧！'——这种反应确实荒谬。"

"问题的症结是抱负？"

"是的。毫无疑问。抱负是问题所在。但我想你会对抱负的指向感到惊讶。它不仅仅是指我要出去杀死我的父亲——这只是其中的一部分——还有其他的东西。好吧，坦白地说，就是想成为一个漂亮的女人。你在分析中会发现各种各样让人吃惊的事情。"

"不过，这并不让我对你感到惊讶，"我很有兴趣地听自己这么说。

"然而，它让我感到惊讶！它很困扰我，我可以这么告诉你。"

注　释

1. 在英国和欧洲，人们一直担心精神分析的机构化对进入该行业的人的素质所带来的影响。M.可汗在他的著作《自体的隐私》中，借一篇题为"成为精神分析师"的文章讨论了这个问题。他引用了以下的段落，取自1963年詹姆斯·斯特拉奇（James Strachey）在庆祝英国精神分析学会成立50周年的宴会上发表的演讲：

有时，我会收到一份被称为"简历"的副本，其中列出了挑选候选人的资格要求。这类文件让我充满了令人毛骨悚然的焦虑和自责感。我到底是怎么挤进其中一个位置的呢？我有一个不光彩的学术生涯，只有最简单的学士（B.A.）学位，无医学资格，不具备物理科学知识，除了三流新闻从业经验之外别无其他任何经验。唯一对我有利的是，30岁时，我突然给弗洛伊德写了一封信，问他是否愿意收我为学生。

出于某种原因,他通过回邮的方式回答说他可以接收我,所以,我在维也纳待了几年。现在,以上这些废话想表达的重点是,我于1922年夏天回到伦敦,在10月,我毫不费力地被选为该协会的准会员。我只能假设,当时欧内斯特·琼斯接到了来自更高权威的指示,然后他将这些指示传递给了不幸的委员会。1年后,我就成了正式会员。于是,在没有经验、缺乏督导、除了在弗洛伊德那里进行了2年的分析外,在没有任何其他帮助的情况下,我即着手治疗患者。我想你会同意我的观点,即我们需要逐渐发展系统化的机制,借此培训精神分析候选人,且在其职业生涯开始时就帮助他们,这确实是将精神分析确立为公认的治疗学分支的必要条件。履历必不可少。但它是否会变得过度制度化,这是一个需要探讨的问题。偶尔让特立独行的人钻个漏洞值不值得呢?我不知道。但我确实知道,如果40年前就有对履历的要求,那么今晚你就不必再听这些言论了。

第三章
分析师的工作与家庭

在接下来的那个周三,我告诉阿龙前一天晚上我与学院来的3个人会面的事。这是我第二次见到这个3人组,其中2位男性分析师成员50多岁,另1位女性分析师60多岁。我们在这位女士精心布置的位于公园大道上的公寓内会面。这次会面是对我打给学院的一次电话的回应,我想让他们提供给我学院的有关课程设置、入学程序、教师等方面的信息,并请求允许我参加一些课程。很快,我就清楚了,这3位分析师是专门被派来会见且防御新闻界的,他们在很大程度上都是管理学院、颇具实权的教育委员会的成员。每天晚上,我和他们的会面都很漫长、紧张、乏味,这在我心中激起了一种来自童年时代的焦虑,我隐约有一种自己犯了错且对此恼怒的感觉。

"我越想越觉得他们与我以三人组见面的方式很奇怪。"我对阿龙说。

"他们正在互相监督,"他说,"他们互相在说:'你不允许我说错话,我也会这么对你。我们是一体的。'"

"但这到底是咋回事呢?他们在隐藏什么?在分析学院里还有什么可隐藏的事吗?"

"我也不清楚。但我怀疑这种奇特、可疑、让人内疚的行为与分析训练及其特殊的困难性有关。分析师通过自我分析来学习精神分析,这是一种相当了不起的专业训练方法。这就像外科医生通过被施以手术而学会做手术一样。但是,分析培训并不完全像常规的分析治疗。当患者解决了他的移情神经官能症时,分析就结束了。也就是说,当患者最终接受如下事实:分析师现在不会、将来不会、也永远不会实现我自己小时候对父母的愿望;一切不会以如我所愿的方式发生;我必须放弃对分析师的这些愿望,而是在生活、工作、依恋关系中通过下一代来实现这些愿望。换句话说,他是一个成年人了,必须收起这些幼稚的愿望。这对他是异常痛苦的。现在就想象一下一个分析师候选人在其分析结束时的情况吧。他不像普通的被分析患者那样结束了分析,而是加入了分析师行业——加入了其分析师所在的分析学院,并开始在这些分析师已经达到最高级别的阶层中努力向上攀升。随着时间的推移,候选人应该放弃且应升华的那些愿望——但它们其实一直存在着——被强烈地重新激活了。他开始大胆希望：也许他最终将被允许进入父母的卧室，他将被袒告以父母的秘密，他将发现这些人在那里'做什么'，他将与其中的一个人结成联盟。但不是每个人都会经历这种感觉——有些人从学院辍学去走自己的路了——但大多数人，像我一样，出于某个幼稚的动机，希望能进入那间卧室：有朝一日，他们也能成为培训分析师。"

"但不是每个人都能做到的。"

"是的，不是每个人都能做到。我们的学院很大，其内部殿堂中的位置有限。那些没有成功的人在看到别人被接受而自己被排除时就很痛苦。这就是学院中出现不满、对抗、背信弃义和不断的派系主义危险的原因。至于那些成功的人，他们的行为就像那些不安、狡猾的'好孩子'，他们以牺牲手足为代价去赢得父母的好感，他们已经进入卧室，且一直在阻止其他孩子们进来，但他们也感到内疚，防御性很强，因为他们担心自己不是那么公平地进去的。"

"那你呢？你想进那间卧室吗？"

"我不知道。某种程度上我会阻止——这本质上有些神经质，我知道——把自己推到某个位置上去。这种俄狄浦斯的竞争、恐惧、内疚仍然在起作用。它们虽远不如我在做第二次分析之前那么强烈了，但依然存在，依旧会发作。"

"为什么你觉得你必须推自己一把呢？为何你不认为自己是因为工作做得好而自然而然地在系统中获得提升呢？"

"哦，我是很擅长工作。我比同辈中的大多数人都强——这一点毫无疑问。"

"那你为什么还要逼自己？为什么不是自然地出头就可以了？"

"对啊，就是这个问题。他们为什么不拍拍我肩膀就让我进去呢？事实是，那些被指定为培训分析师的人并不总是最棒的。也有同样优秀的人，或许比他们更好，却没有被选中。"

"你害怕这会发生在你身上——也就是说，你会被忽略吗？"

"是的。我不是有手腕的人。我不怎么和分析师交往。我的朋友们也大多是学者和艺术家。当我被邀请参加分析师们的聚会时，我经常拒绝。我的妻子是一名雕塑家，也不属于分析师妻子们的社交圈，她对这些场合会感到格格不入。分析师的妻子们彼此都认识，她们一起在学院的接待委员会里做事，她们还都打麻将。"

"所以你不喜欢分析师的圈子？"

"它让我觉得无聊。"

"那些年轻人呢，就是那些和你差不多级别的同事呢？"

"他们也让我感觉无聊。情况也差不多。他们谈论的是自己在乡下的房子，孩子们上的学校，在夏天的旅行——尽是这些。和他们在一起我感到不舒服。我知道，这个特质来自我的童年。我从没感觉到自己'在'什么地方——不在学校，不在大学，不在医学院，不在精神病学培训中，现在，我又把它呈现在分析师圈子里。对每个人的分析都会起底出他的某个核心幻想,而我的幻想就是一个局外人看着卧室的那种:感到兴奋、害怕、被唤起,试图弄清楚发生了什么,但又不想被牵扯进去,不想做任何冒险。呈现这种幻想的方式有很多种。比如,在极端情况下我可能会成为一个偷窥狂,然而,我却成了一名科学家——一个精神分析师,一个可以了解另一个人的隐秘之事但又不卷入的人。我非常像犹太人,即另一种局外人。所以,如果你问我是否愿意进入纽约精神分析学院的内部殿堂,是的,肯定,嗯,也许不,我不知道。我对内部殿堂里发生的事情有各种各样的幻想,但大多数都不是真的。这些也不可能是真的。"阿龙嘲笑着他的幻想。

"从外面看,事情不都是相当完美吗?"我说。

阿龙同意这点。"我曾有过一种症状。我曾经对要参加的聚会产生过社交焦虑。你知道,人们聚在一起是很本能的事情。后来,在我的分析过程中,这个焦虑症状消失了,现在我去参加聚会,这些在我眼里已很稀松平常了。"

"最好的派对是你没有被邀请参加的派对。"

"是这样的。"

"当你真正进入内殿,你会发现,人们谈论的只是自己在乡下的房子、孩子们就学的学校、妻子的瑜伽课……"

阿龙笑了,说道:"事实上,学院管理机构对我很好。我被允许进入只有少数成员的委员会,我被邀请做各种各样的事情。就在上周,有人打电话给我,说我被提议要入职于一个小型行政办公室。我答应了——尽管我有可能得不到这份工作,因为我尚年轻且名不见经传。我现在46岁,还年轻。可那是怎样一份职业啊?"

"与年长的分析师相比,你觉得自己像个孩子吗?"

"有时候吧。你看,在和教育委员会的人会面后,你比喻自己是面对着一些有威胁感的大人们,你的这种感觉和我是一样的。这部分既是你自己的心理呈现,也是我的心理呈现。理论上,我可以想象某些比我年轻的人会感觉我和他们是在同一个水平上——就是说,他们尚未被吓倒吓退。但这也只是一部分人而已。因为,毫无疑问,组织是等级森严的,其负责人也还没向年轻一代和处于边缘的人展现邀请和融入的态度。他们是排外的,但不是所有分析机构都如此。"

"在我与教育委员会的人会面时,我总觉得他们是三个人,而我是独自一人。整个晚上我都有'对立'的感觉。"

"这就是他们对待学生的方式,甚至在某种程度上,他们也这么对待普通会员。我在受训时就经历过那种'对立'的感觉。每个人都感觉到了。我们都觉得自己像个孩子。35岁的孩子!现在学院有一个学生组织——甚至还有一个由分析候选人和应届毕业生组成的全国性组织,称为CAPE——但当我还是候选人时,仅隐隐听到过要成立组织的传言。我记得,当年我的一个同学,一个非常火爆、激进的家伙,正在对我们一群人高谈阔论地讲成立组织的事情,就在那个节骨眼上,教育委员会里一个比较专制的人进入了房间。这位同学后来搬到郊区且变得沉闷而富有。当时那个委员会的人听了他的发言后好像有些不愉快地看着他,轻柔地说:'为何非要成立一个组织呢?重要的是说出你想到的任何东西。'听到这里,我的想法是:'这个王八蛋!'不过,他是对的。成立学生组织的动机其实就是移情,没有其他!"

"那是孩子们聚在一起反对父母。"

"对。学生组织本质上就是小孩子的玩意儿。那个混蛋说得对。教育委员会从未就学生组织发表过任何正式声明,没说过它会带来干扰,也没说过它无关紧要——即使成立了也不过是在浪费时间,最坏的情况下也不过搞点抵抗而已。这些他们从来没有说过,如果真这么说了会很愚蠢的,但我相信这就是他们的态度。让孩子们玩去吧。精神分析教育属于一种不可避免的退行体验。这很有趣,不是吗?一个如此倾向于让人逐渐成熟的职业却要将教育搞得像一种退行的体验。"

"教育委员会的人告诉我,有20%~25%的候选人不能毕业,而且大部分都是被劝退的。面对这种可能会被开除的威胁,你当时有什么感觉?"

"确切地说,我不觉得这是一种威胁。被辞退的可能性总是存在的。我有几个朋友就被要求放弃了。"

"经过长时间的训练之后?"

"是的,有的是在受训多年以后。"

"当有人退出,这对你意味着什么?"

"我不知道。这些事情都被笼罩在神秘的面纱中了，这么多的秘密不仅被学院守着，也被退出的人守着。一般来说，退出的这些人要么是在他们的案例工作中失败了，要么他们无法被分析。性格也起到了重要的作用。在我的班里有一个人性格就很差。他很圆滑、犀利，还撒谎，也不友好。每当我在学院看到他，想到他会做分析师就让我很生气。嗯，有一天他不在了，我松了一口气，很高兴他被发现且被剔除出去了。"

"所以父母毕竟是无所不知的。"

"根本不是这样的。这地方经营得像个糖果店。"

"你这么说是什么意思？"

阿龙在椅子上扭动着，做了个鬼脸。"他们太漫不经心了。太不专业了。他们就像英国上议院的人，以晚上开会的方式管理着英格兰。我环顾四周，很想知道我要与这些人一辈子待在一起吗？我能在他们中间充分做自己吗？我会幸福吗？还是会感到无聊、愚蠢并被困住呢？请你原谅我作为一个精神分析师把事情说得这么天真，但这就是我对他们的看法。我觉得自己被吸入、被控制了。我感到害怕，也感到失控。我以前在生活中有过这种强烈的感觉——是在我第一次坠入爱河时。这个学院具有强大的引力。当你整天与患者单独相处，也就是说，孤独一人时，同事的陪伴就成为安慰、放心和激情的重要来源。因此，才会有某些分析师几乎每天晚上都在学院度过，这就出现了精神分析的寡妇和孤儿。我扪心自问：我想那样生活吗？就像一个和贪婪、迟钝

第三章 分析师的工作与家庭

的情妇纠缠在一起的无助男人？显然，我害怕的不只是无聊和愚蠢，而是自己卷入其中，不得不将我的自恋置于危险之境，最终使它遍体伤痕。我曾目睹很多同事受伤。有一位年长的同事，也是我非常喜欢的人——最近遭受了一次不那么痛苦却很典型的公开羞辱。他在我们一次普通的机构会议上提出了一项提案，这与正在进行的翻修大楼的事有关，但提案被可耻地搁置了。并非因为这不是一个好主意，而是因为它被卷入了学院的派系斗争中——最近也有很多问题被卷入其中。他那显著明智和合理的提议成了交战双方的另一个战场。各种暗示其行为不当的指责开始浮出水面。看着我们的长辈冷酷和恶毒地攻击彼此，这让我们这些年轻的成员们（有 45 人）感到既迷惑又害怕。"

"这次交战是关于什么事的？"

"事关地毯和椅子。装修委员会的一名成员认识某个装修师，后者是另一名成员的妻子或嫂子，收费可能会便宜一些。这就给了正在找茬想批评委员会的另一方一个机会，他们借此指责委员会计划不周、对费用的分配不负责任，甚至最后质疑整个装修的事，以及在装修方面花钱不道德，因为这笔钱本可以为学院的工作人员用作养老金的。但以上这些都不是问题的真相。"

"真正的问题是什么？"

"真正的问题是，学院里有一群人担任了所有重要的职位，他们能够决定谁将成为培训分析师，但还有另一群没有权力却想拥有权力的人。这就是我们学院里几乎每一场争论的关键。它以

精神分析：一项极具挑战性的职业

前一直困扰着我，直到有天联想到其他职业，我才意识到：我们这里发生的一切和其他任何地方并没有什么区别。邻居们之间也如此！非犹太人也这样做！这种等级制度和幼稚化存在于其他所有职业中。在法律界、商业界、科学界、教育界，都如此。每个职业都有俄狄浦斯式的重要职位，当人们向上追求时，就会出现导致他们退行的危机——导致成年人像孩子一样为小事而争吵。我记得几年前我的哥哥正处于某个这样的危机中。当时他是N市一所私立男校的副校长。而学校的校长属于那些传说中的伟大校长之一，这人即将退休，我的兄弟就在犹豫是否要与外来人士竞争该校长位置。弗洛伊德在《摩西与一神教》中清楚地描述了这一情景。他说，生活中发生的事情如果与婴儿期的幻想或婴儿期的经历深度呼应，它就会使这种婴儿期的幻想和体验主导成人的生活，人们会持续地对现实的唤起力量做出反应。在我哥哥的遭遇中，还有另一个可怕的潜意识幻想在主导。长者会把年轻一代的继任看成对其成员的削弱，而想要这个位置的年轻人则将此看作可以削弱老者成员的机会——我哥哥是因此才优柔寡断的。所以，他们在这部俄狄浦斯戏剧中是非常同步的。但这只存在于幻想层面。因为事实是，这是一份工作。这仅仅是一份工作而已！在纽约精神分析学院做一名受训分析师也只是一份工作。但这就是所有事情的有趣之处。为什么成人们不能从客观现实的角度来处理这些事情呢？"

"但是，如果这份工作应被视为本该如此，本来就没有什么大不了的，那还有谁愿意做它呢？"

"事情就是这样。动机和快乐的源泉是什么？动机和快乐的源泉就是幼稚的愿望啊。"

第四章
分析的真正开始

在关于学院的介绍册中,纽约精神分析学院治疗中心被称作"精神疾病门诊部",不过,更准确的称法应该是"为候选人设立的精神分析案例学习交流中心"。寻求低费用精神分析治疗的人们会来到这栋位于东 82 街 245 号的纽约精神分析学院大楼,这是一座简陋的五层楼,外观装饰保守,采用的是 20 世纪 30 年代的犹太内比什风格。人们在此接受一名自愿前来的学院分析师的面谈,却往往发现其资质不符:有 89% 的来访者(来自纽约精神分析学院成员、精神科医师或社会工作者的推荐)会被拒之门外。

遇到适合新手分析师的个案并不容易,治疗中心的负责人乔

第四章 分析的真正开始

治·格罗斯（George Gross）告诉我，当时我就与他面对面坐在他那位于学院四楼的阴暗破旧的办公室里。此时，他正在努力打开巨大办公桌上的一个抽屉。格罗斯50岁出头，肤黑体胖，带着点勉强和不安，但有一种可以将平凡的事实讲述得鲜活且饶有兴趣的能力。他解释说，我们需要的好的个案必须既适合分析，又对缺乏经验的从业者来说不太困难。例如，对学生来说，治疗某些自恋障碍患者的难度就太大了。"我的办公桌上就搁着一个这样的案例，"格罗斯说着，再一次想打开抽屉。但他不得不放弃这个自恋障碍患者的个案，接着说道："我们寻找那些客体关系虽不安全但还不至于无法形成治疗联盟程度的患者。在自恋障碍和边缘型患者那里，这种能力已经受损。我们认为，对强迫症，歇斯底里等古典精神官能症患者进行分析是很有希望的。目前，我们对可分析性标准的了解比过去更多了，成功率已经很高。关于分析是否成功的大致标准在我们看来是患者是否继续接受治疗。我们将申请人分为两类：可接受的——其中包括高风险高收益的案例，以及不可接受的。还从来没出现过意外情况。实际上，自1974年以来我们还从未遇到过意外。如果属于高风险类别的案例分析失败了，我们并不感到意外，而当可接受类别中的案例成功了，我们也不会感到意外。我们将精神病患者筛选出去了。为了避免自我实现式预言的发生，学生分析师事先并不知道他的患者是否属于高风险类型的。他也拿不到面试官针对面试者的评论和印象；他只得到中立的描述性材料。我们不接受每小时

精神分析：一项极具挑战性的职业

能负担 30 美元或更高价格的患者。费用是按患者的收入水平定的，现在的平均收费是一小时 7 美元 9 美分。患者的最低付费仅有每小时 10 美分。分析在分析师候选人自己的办公室进行，而非此处，除非候选人没有自己的办公室，我们才会让他在这里使用某个房间。大多数候选人已经是执业的精神科医生。他们每周见患者 5 次。候选人每周与他的督导会面一次以讨论此个案，并且，每 6 个月他要提交一份这个阶段的工作总结。候选人有时交不上来这些总结，我们必须提醒他们。他们有时会遇到的另一个问题是，他的患者最初认为这个候选人分析师不如年长的、成熟的分析师。"

格罗斯又徒劳地拉了一下抽屉，然后带着平静的自豪感谈到学院拒绝联邦补助和私人基金会资金的事。他说，所有教员都是无薪的（格罗斯的工作是治疗中心的管理者，也是学院唯一有薪的职位），督导师也没有薪水，学院的大部分收入来自会员缴纳的会费（每人每年 600 美元，目前学院大约有 200 名成员），在周末，你会看到分析师们在学院里修理百叶窗和油漆椅子。所有这些都是为了避免受到来自外部的任何影响或干扰。格罗斯说："我们希望保持绝对独立，我们不希望有人告诉我们该怎么做，我们正在缓慢地、无可救药地走向破产。"

在他开始接受纽约精神分析学院培训的第 2 年，阿龙·格林从治疗中心接到了他的第一个分析个案——一位 22 岁的女士。现在回看这个案例，他心里交织着恐惧、快乐、好玩、困惑、自

第四章 分析的真正开始

我批评和自我满足。"在这项分析的前两年,我对做此分析感到非常痛苦,"他回忆道,"我诅咒治疗中心的人给我这样的个案。我感到完全不能胜任,非常无力。我对要分析她的那个时间段的到来感到恐惧。分析持续了7年,今天,我相当为之自豪。来接受分析时的她是一个很不快乐的年轻女孩,带着某些非常麻烦的歇斯底里症状,分析结束时,那些症状都不见了,她还嫁给了牙医。我却花了很长时间才意识到我对她的分析并没有失败。"

"我记得她第一次来到我的办公室时的情景——那是一个身材矮小、丰满、有着自我意识的女孩,对我提出的问题总是咯咯笑着作答,但乏味、缺乏条理。我们先是坐着进行了几次分析,然后有一天我问她:'你为何不躺在沙发上呢?'她咯咯地笑着,朝沙发走去,小心翼翼地把自己安置进去,还好几次用力拉了拉裙子,然后继续用她那无聊的、少女般一字一顿的方式说话。这样的分析持续了三四次。然后有一天,她走进房间,没有坐到沙发里,而是扑到了沙发上。在上面上弹下跳几次后,她开始骂我。'你对我啥都没做,'她说,'你只是坐在那里,什么都不做。你什么都不告诉我。这是什么分析治疗?你为何不为我做点什么呢?你干吗只是坐在那里?'她滔滔不绝地说下去,责备我的冷漠、被动、对她的痛苦漠不关心,然而,这才是分析的真正开始。但我当时并不了解。我坐在那里,在她的愤怒下畏缩不前,对她并不明白'仅仅坐在那里'就是经典的弗洛伊德式精神分析而生她的气。我觉得她在各方面都令我失望。我原以为会有一个能自由联想的患者，而治疗中心却把这个只会胡扯的平庸女孩分给了我。那时我是如此天真，并不明白她的胡扯就是自由联想，胡扯正是自由联想的本质。更糟糕的是，我认为我必须指导她了解她潜意识的本质。我会费力地向她指出她所说和所做的潜意识的含义。经过了多年可怕而徒劳的挣扎，至此我才恍然大悟，如果我只做倾听，只要让她说，让她胡扯，把事情说出来，这些对她就是帮助，而不是我的迂腐、说教般的解释能帮到她。我当时要是学会闭嘴就好了！当我终于真正学到这点时，我才开始明白弗洛伊德曾描述过的：当潜意识上升到意识时，症状就会消失。这真是一件不可思议的事情。这就像边看望远镜边意识到：你此时看到的就是伽利略曾看到过的。"

"但在最初的两年里，遇到这个个案似乎是我个人的背运。我很想把她推回学院，然后说：'这都是什么呀？推荐给我的第一个个案竟然是这个？'她是如此让人厌烦、不痛快，也极不合作、不懂感恩。只要听她说过一次'那又怎样？'，我就会听到她对此话重复一千遍，还带着一种讨厌的、冷笑的声音，让我感到被贬损、丢脸、愤怒、沮丧、无能。我的愤怒常常使我对她采取非分析的方式。我为此感到羞愧。如果是现在，我完全不会这么做。但既有趣又令人难以置信的是，我当时无论做什么都不重要。她对我所说的一切皆嗤之以鼻，但又忠实地一个星期来5次，而且月以继月、年复一年地过来，尽管她好斗、不信任，我也天真、无知，分析却仍在继续。"

第四章 分析的真正开始

"你说只要'让这些事情说出来'就帮了她,"我说,"这听起来像是古老的宣泄法。"

"是的,是的,"阿龙说,"弗洛伊德和约瑟夫·布洛伊尔在《癔症研究》中所写的那些陈旧之事并没有真正改变过。精神分析仍然是一种宣泄疗法。我们仍在尝试通过启动一个过程,将神经官能症的痛苦转换成普通的不快乐,使动机得到直接表达而不是变成症状。弗洛伊德和布洛伊尔称之为发泄。我们不再使用这个词了,而且我们对心灵用各种阻抗来对抗改变所带来的威胁有了更完善的认识,但过程基本上是相同的。就这个女孩而言,当我终于学会了闭嘴,一些东西开始从她的言语中喷涌而出,这些东西几近于她意识的边缘,却因为被表达出来而给她带来了改变。大家的普遍印象是,分析师是一个权威,一个严格控制着顺从而脆弱的患者的掌控角色。而这个案例给我的印象与事实恰恰相反——患者控制着事情的发生,而分析师是一个渺小的、软弱的人。患者能去任何他想去的地方。分析师所能做的就是说:'如果你此刻愿意听我说——如果你能把注意力转移到这个特定的地方而不是那个地方——你可能会看到那一点……'那就是他所能做的一切了。因此,在这种情况下,我能做的就是不时将患者的注意力引开,防止她试图做些什么来阻止这些内容被倾吐出来,而我这么做恰是她所不愿看到的。这就是所谓的'对阻抗的分析',这并非你对患者摇摇手指告诉她说:'你正在抗拒!',这样做对分析师来说是最糟糕的,恐怕我在那个个案的头几年确实这么做过。正确的方法是向患者指出他是如何让自己不去想某事、感觉某事的，这样，他就会变得自觉，就不会那么机械地逃避了。就是这样，这就是分析师的手术刀。他无法打开患者的心灵并着手去修补。他唯一能做的就是告诉患者'看那里'，而大多数时候患者是不看的。但有时患者也会这么做，随后他那种机械的行为就会变得不那么机械。"

我读过阿龙写的关于这位年轻女性的案例报告，它是阿龙获得美国精神分析协会的认证和会员资格必须提交的文档。我发现它令人费解、让人感觉烦闷和无聊，既对女性有羞辱，也有一种自我诅咒。在对性事及其意义的不懈追索方面，它让人想起杜拉的案例，在后面这个案例中，弗洛伊德通常的表现与其说是一个帮助患者的医生，不如说更像一个审讯嫌疑人的警官。"啊哈！"弗洛伊德会对可怜的杜拉这么说，她当时是一个18岁的女孩，迷人而聪明，患有神经性咳嗽、偏头痛和一种年轻人特有的抑郁症。"啊哈！我知道你的事。我知道你肮脏的小秘密。承认你暗中在被K先生吸引吧。承认你5岁时手淫过吧。看看你现在在做什么，躺在那里玩你的小编织袋，你打开它，把一根手指伸进去，再把它合上！"在阿龙的案例报告中，我感受到了那种类似的纠缠和针尖对麦芒。我问他，他自己的行为有没有可能激起了女孩的一些好斗和对抗呢。

"我的分析行为并非全都正确，"他同意，"我缺乏培训，又很想搞定分析进程。在那篇文章中，我看起来既迂腐又拘谨，你的这种印象是有道理的。雷昂·斯通曾将初级分析师描述为一个相当死板又不知变通的人,这是有一定道理的。我对自己在此分析中所做的折磨对方和欠考虑的事情负全部责任。她经常是'对的',而我经常是'错的'。即便面对所有这些,面对我的笨拙和自负,她对我的基本态度即移情却完全不受我言行的影响,有着自己的节奏和逻辑,走着自己的路。我的非分析行为搅浑了水,使得移情变得更难以辨识,无法令人信服地向患者指出来,但也并没有创造移情。就算我是圣方济各,她也会一样频频冷笑地说'那又怎样?'"

我向阿龙提起我读过的拉尔夫·格林森关于"非移情关系"的一篇论文。作者在其中提到了一些有关新手分析师的可怕故事。在其中一个具有警示性的故事中,一位刚入门的分析师去找他的督导,告诉后者他曾与一位头裹着巨大绷带的患者进行了一次奇怪且令人不满的分析。遵循着严格的分析技巧,年轻的分析师对绷带没作任何评论,只默默地等待患者开始自由联想。但没有任何联想出现:分析师难以置信的麻木不仁和不人道让患者完全卡在那里,无法表达。在格林森的《心理分析的技术与实践》(*The Technique and Practice of Psychoanalysis*)一书中,他提到另一个例子,一位焦虑的年轻母亲告诉她的候选人分析师自己在绝望地担心着生病的婴儿,分析师却什么也没说。他的沉默和缺乏同情心使患者泪水满眶,陷入痛苦的沉默中。最后,分析师说:"你在阻抗。"患者退出了分析,对分析师说:"你比我病得更厉害。"格林森同意这一观点,建议候选人寻求进一步的分析。

"是的,"阿龙说,"我知道格林森写的那些故事。它们很令人心碎、感伤,实在太过分了。但如果你仔细探究,这些内容是站不住脚的。在婴儿生病的母亲那里,并非分析师的缺乏'同情心'导致了患者中断治疗,而是他糟糕的分析技术。他可以对她作 100 种对情况有帮助、既能推进分析又能保持中立的表达,而非一句'你在阻抗'。分析师的工作不是向患者提供同情;而是引导他获得洞察力。我的第一个案例也是如此。问题不是我缺乏对患者的同情,而是缺乏分析的中立态度。事情不在于我应该接受她带给我的礼物——尽管我也可以不那么拘谨地拒绝它们——而在于我应该以更加严谨透彻的方式分析送礼背后的动机。"

"可是那种自以为是呢?"我问,"你能忽视这个吗?格林森说,对于患者来说,区分对分析师的移情反应和对分析师的实际感受很重要。他说,那个带着婴儿的女人对分析师的反应是'现实的'。"

阿龙摇摇头。"无论对于精神分析还是对于现实生活,这都是很粗暴和简单的观点,"他说,"它维护的是这种神秘论,即分析中发生的事情与现实生活中发生的事情不同。它使分析具有了'似是而非'的性质。它说移情是不真实的。但移情是真实的,就像分析室外面的任何事情一样真实。而且,反过来说,'真正

第四章　分析的真正开始

的关系'——无论指的是什么——都逃不过被分析审查。如果分析师在分析时羞辱了患者，而患者说'所以这是真的！你真的恨我！'，以及分析师说'是的！我真的恨你！'，是否就意味着患者否定了他对童年时愤怒的父母所怀有的那些所有非理性的、幻想般的想法了呢？现在，这些移情反应都不应该被审视了吗？它们都不在分析审查的范围内了吗？"

"我记得我曾经参加过一个研讨会，由一位名叫罗伯特·贝克（Robert Bak）的才华横溢的匈牙利分析家主持。所辩论的内容正是移情的本质，我当时举起手夸张地提问：'该怎么称呼这种人际关系呢？在这个关系里，婴儿期的愿望和对这些愿望的防御的表达方式是，人们看不到对方的客观存在，而是根据他们婴儿期的需求和婴儿期的冲突来看待对方？你会怎么命名这个呢？'贝克讥讽地看着我说：'我会说，这就是生活。'"

"无论在分析中还是生活中，我们都是透过一层婴儿潜意识幻想的面纱来感知现实的。我们所说、所做或思考的一切都不算纯粹的'理性'或'非理性'，纯粹的'真实'或'移情'。它往往是一种混合物。分析和生活之间的区别在于，在分析中——在这种高度人为的、极端的、奇怪的、压力很大的、在某些程度上甚至有些可怕的情况下——这些幼稚的幻想比在生活中更容易得到缓解、更容易被了解和研究，而在生活中却无法做到。分析的目的不是指导患者去了解现实的本质，而是让他熟悉自己，了解他内心的那个孩子，以及他所有幼稚的、不可能实现的、不可否认也无法否认的渴望和愿望。至于像'真正的关系''治疗联盟'和'工作联盟'之类的术语,只会模糊、淡化和平凡化这项工作的根本性质。"

第五章
分析师的困惑

治疗中心指派给阿龙的第二个患者,是一个优雅且富有教养的女人,她渴望接受分析,很欣赏阿龙,相处起来让人感到愉快、有趣,人也长得非常漂亮。就在阿龙帮第一个患者分析完、正抱怨自己运气不好时,他不敢相信自己竟能幸运地抽到这样一位女士作为第二个患者。她是那种最令人满意的患者类型。她会运用文学隐喻,也理解阿龙提到的内容。她在一家杂志社工作,有一个听起来令人印象深刻的文学界社交圈。在治疗第一个患者时,阿龙会感到恐惧,却期待着对第二位患者的分析治疗。阿龙被她弄得眼花缭乱,有点爱上了她。两年后,分析陷入了可怕的停顿。这是一次彻头彻尾的失败。"我被她的魅力蒙蔽了双眼,"

阿龙遗憾地回忆说,"我在这项工作中跌得很惨。我没有向她指出我本应指出的她那些令人讨厌、刻薄的事情,反而和她交流了文学轶事。当我发现自己掉进陷阱里时,已经为时已晚。在第一个个案中,患者让我感到有点不舒服,但我能够坚持自己的方向,还能为她提供一些帮助;在第二个案例中,我却完全没有帮到她。"

"你的意思是说,一个患者越与你志同道合,你就越难分析对方吗?"

"就这个个案来说,是这样的。"

"所以个人关系是分析的负担。"

"弗洛伊德在他著作中的几个地方这样表达过。在《给精神科医生的建议》("Recommendations to Physicians")中,有个很著名的段落,他在此将分析师和外科医生作比较,告诫前者'要将所有的感受放在一边'。弗洛伊德还在给分析师奥斯卡·普菲斯特(Oskar Pfister)的信中写过一段话,他责备普菲斯特'过分仁慈',对患者不够严厉,劝他要像一个偷走妻子的钱去买颜料、烧掉家具让工作室里的模特更暖和的艺术家看齐。我也喜欢对我教的住院医师讲述一个故事,这是我从学院的某位老师那里听到的——这显然是杜撰的关于艺术家契里尼的故事,但也说明了同样的观点。故事说,契里尼正在铸造一座雕像,他需要一些钙来制作他的青铜合金。他在画室里找不到,于是就把一个小男孩抱起来扔进了锅里,以期从他的骨头里获取钙。在契里尼这里,对

第五章 分析师的困惑

于追求艺术来说，一个小男孩的生命意味着什么？"

我想到了乔治·奥威尔（George Orwell）的《论甘地》（"Reflections on Gandhi"），其中提到，他反对甘地天性中的这一面：它准许甘地以更高理想的名义在伦理上做出相当于"把男孩扔进锅里"这样的事。对奥威尔来说，没有比人道主义更高的理想了。"为人的本质是，人并不追求完美，有时为了忠诚宁愿负罪，不将禁欲主义推行到无法与人友好交往的地步，准备好最终会被生活打败，甚至粉身碎骨，这都是把一己之爱与其他人类个体紧密结合带来的必然代价"，奥威尔写道，伴随着一份令人感动的气质。他认识到，普通人即是失败了的圣人，关于这一点，奥威尔说："很多人本来也不希望成为圣人，而某些已成为或渴望成为圣人的人，他们可能从来没觉得自己需要成为一个人。"

我想起自己某次和一位分析师的谈话，我在此称他为格雷戈里·克罗斯，他是一个对自己的使命有着圣人般奉献精神的人。当他谈及工作和自己想为患者提供更精确解释的希望时，他就目光灼灼。一天晚上，在他的最后一个患者离开后，我们坐在他的诊室里聊起来。房间里有培根画作中的房间所具有的那种坚硬而隐秘的现代感。它与世界隔离，就像一个汽车旅馆，本身自带精神分析具有的那种禁欲感。沙发是一块窄窄的泡沫橡胶板，上面覆盖着一层漫不经心地挑选的金色织物。在沙发脚处，在放着患者鞋子的地方，铺着一块难看的黑色塑料垫。房间就像一个偶像破坏者举起的拳头，它似乎在告诉你，这位分析师的患者不是来这里消磨时间的。克罗斯本人看起来就像培根所画的那些粗糙、受折磨的男人。你会感觉到他不会坐下来吃饭的，而是像一只流浪动物一样偷偷摸摸、狼吞虎咽；你会想象他的妻子可能几年前就离开了他，而他好几天都不会注意到她的离开。他是一个缺乏魅力、惶惶不安、既不自负也不虚荣的男人，诚实得像某种顽固的皮肤病那样，让人感觉如芒在背、不时跳脚且难以忍受。他告诉我他对弗洛伊德的热爱。他说，他曾把《西格蒙德·弗洛伊德全集标准版》(*The Standard Edition of the Complete Psychological Works of Sigmund Freud*) 读了又读，从大师那里找到了源源不断的灵感和启发。但他承认，当他第一次接触弗洛伊德的著作时，作为一名精神病院的住院医师，他无法理解其内容。他连其最浅显的部分都破解不了。通过阅读卡伦·霍尼的社会修正主义式的著作，他才对精神分析产生了兴趣。直到接受分析训练，他才能突破他认为大多数人对真正的精神分析会持有的阻抗。他说，自己现在整天坐在椅子上，倾听患者——从早上8点到晚上7点，只在去自己的分析师那里时才离开房间。为了更好地理解患者，他想更好地了解自己——更深入地探索自己，所以他回去接受分析，依照弗洛伊德在《可终结和不可终结的分析》中对分析师们的建议。克罗斯用一种轻柔、低沉、刻意、有些单调的方式讲述这些。他是我见过的最严肃、最真诚、最像苦行僧的男人之一。在交谈中，我感到自己被他棘手的真诚和严肃所磨砺，也感到自己内在的困顿正冒出来，撞上了他自身的那些困顿。他说的每一件事都非常简单（他不用行话），但不知何故，却都被掩盖了，就像诗人和圣人说话那样。我请他推荐给我一些书籍和论文。与我交谈过的其他分析师都告诉我要读这本书、读那篇论文。乔治·克罗斯却拒绝了我的请求。他和蔼而认真地看着我说："你自己会知道的。"我回到家，播放我们的对话录音，克罗斯的话完全难以理解。我想，说到底是我自己那么想象他的。

我还记得另一个晚上的一场谈话，是在第五大道的一位女性分析师公寓里进行的，我称这位女分析师为格雷塔·柯尼希，她是一位年长的中欧移民，有着清新、微笑的面孔和质朴、温和、认真的态度。我们围坐在一张咖啡桌旁，桌上摆满了糕点、小面包卷、奶酪、水果、巧克力和几瓶酒。当这位女主人向我推荐美食时，她谈到了女性高潮。她将切好的多柏思果仁蛋糕放在半透明的、装饰着花纹的古董瓷盘上，若有所思地指出，阴蒂高潮可能伴随着阴道的感觉，因此，恰当地说，这可以称为阴道高潮。我憋不住想笑。柯尼希女士仿佛知道我在想什么，笑着说："以前我很难谈论这些事情，我常常不得不强迫自己和患者谈论这些，但是分析师必须谈论生殖器，没有办法绕过它。现在，已经没有什么是我不能谈的了。"她提到了她对学院和精神分析所做的不可否认的奉献。她和同为分析师的丈夫是学院的核心人物。她的一生都被精神分析事务所占据：白天接待患者，晚上去学院开会。在和丈夫出去吃饭或在家招待客人时，她也总是和分析师们在一起。她解释说，其他人都离开了。能与"外围"的人谈论的内容越来越少，"外围"的人看待事情的方式与分析师不同。"我们似乎从不厌倦彼此的在场。"她非常满意地说。她告诉我，她从不对患者撒谎，从不谈论自己，从不与患者有身体接触。她给我看了她的诊室，从公寓的前厅拐出：那是一个愉快、有序的房间，有着隐约的欧洲味道，并无多少个性。它不像格罗斯的房间那样固执到不近人情，但也冷静地保守着主人的秘密，维护着患者应该不被知晓分析师秘密的权利。

我遇到的第三位弗洛伊德学派斗士是哈特维格·达尔（Hartvig Dahl），他现在被认为是超越精神分析的另一个典范。这是他的真名。与我交谈过的其他大多数分析师都要求我不要使用他们的真实姓名，以此保持他们在分析患者方面的私密性。但达尔作为分析师却没有患者。他是一名精神分析研究员，属于分散的一小群分析师中的一员，他们大多独自工作，多数得不到其他做分析的同事们的尊重或兴趣。其地位低下的原因源于精神分析本身的性质（和历史）。传统上，精神分析的治疗功能与科学功能被认为密不可分。与患者的治疗性相遇被视为精神分析的科学实验。因此，每个执业分析师都是科学调查员，每个案例都是对既定理论进行证实、阐述或做有趣反驳的一次实验，每个患者都是一种不知情的实验用小白鼠。不执业的分析研究员不适合这种自成一体的双重目的体系，所以被认为是多余乃至缺乏社会地位的。

哈特维格·达尔是纽约精神分析学会对"纯做研究"这一

第五章 分析师的困惑

主张勉强让步的结果；对于正统派成员而言，他属于异教徒（一个在安息日帮犹太人工作的非犹太人）。（过去，令人讨厌的反犹太主义将精神分析描述为"犹太科学"，这一说法如今已被分析家幽默地接受，当作对犹太人在该行业的巨大优势以及犹太法典与分析解释学之间具有相似之处的准确评论。）哈特维格·达尔看起来与其他纽约精神分析学院的分析师不同。当我第一次在布鲁克林下州医疗中心的办公室里见到他时，他穿着褪色的牛仔裤和一件工作衫，在后来的会议上，天气已暖和了，他则穿着短裤和跑鞋。他是一个身材异常高大的男人，50多岁，16年前从西雅图来到这里，之前他曾在旧金山精神分析研究所的一个培训中心分部学习过精神分析。他身上有美国西部的味道，也有亨利·詹姆斯（Henry James）在国际上流行的小说中那些风格粗犷、道德高尚的美国人的辛辣，尤其在和外表冷漠、道德贪婪的欧洲人混在一起时，他更是如此。但当我第一次见到他时，我感到的是厌烦和无聊。我无法理解他的所作所为，这在很大程度上取决于他具备我搞不懂的高等数学知识，所以，我不再继续和他聊下去了。他交给我一批他发表的论文，我看的第一篇论文标题为《用计算机分析的言说内容测量精神分析的意义》，它的图表和图解让我感到震惊，以至于我逃离了会议，好像身后有一群蜜蜂在追赶着自己。为了给自己做辩护，我给出以下摘录：

母亲	0.73 我的 0.66 害怕 0.66 紧张 0.65 阴茎 0.65 吻 0.63 乳房 0.62 性交 0.61 同性恋 0.58 嘴 0.58 赤裸的 0.58 性的 0.57 姐妹 0.53 女人 0.50 稍微 0.46 焦虑 0.42 她	你	0.68 你的 0.66 什么 0.57 那个 0.56 它 0.55 我（受） 0.52 坚持 0.64 我（攻）	姐妹	0.70 旁边 0.57 母亲 0.53 爱
				父亲	0.83 羞愧 0.79 有罪 0.72 宝宝 0.69 性交 0.62 成为 0.59 我的 0.44 爱 0.43 她 0.41 赤裸的

四个选出的词与其他词的相关性（$p \leq 0.05$, $N = 25$ 分析时间）

几个月后，我碰巧看到了达尔在我不情愿的情况下塞给我的其他文件，我漫不经心地翻阅了其中一份看起来没那么面目可憎的。我发现自己越读越兴奋。尽管标题令人望而生畏，叫作"未被留意到内容的句法所表达的反移情示例"，但内容清晰，且引人入胜。其中讲述了达尔和其他同事在研读分析一份录音时发现的一个相当普遍的现象，从中得出了一个很不同寻常的推论。这几位同事分别是，达尔和他论文的合著者——语言学博士弗吉尼亚·泰勒、精神病学家唐纳德·莫斯（Donald Moss）和曼努埃尔·图吉罗（Manuel Trujillo）。对于熟悉录音机的所有用户来说，这个发现是，那个在交谈时听起来表达正常的人，实际上是

第五章 分析师的困惑

在以一种奇怪的方式说话,逐字逐句记录下的谈话内容文本揭示出了这一点。录音机所揭示的人类语言,与摄影师麦布里奇(Eadweard Muybridge)在做运动研究时对动物和人类的运动所揭示的结果很相似。无人见过麦布里奇的摄像机捕捉到图像然后定格的那个特定的奇怪位置,也没人听过录音机所呈现的人类语言的那种怪异和草率。达尔和他的同事们所做的不同于以前的人们,不是仅仅简单地"允许"口语和文字记录之间出现差异,而是继续仔细研究文字记录的句法特征。后来,他们恍然大悟:出现这些特征并非偶然,而是有一个隐藏的目的——患者借这种迂回曲折的方式来表达不被接受的愿望和感受。用来揭开这些秘密交流的工具是诺姆·乔姆斯基(Noam Chomsky)的转换生成语法,弗吉尼亚·泰勒精通于此。他们从正在研究的录像带中提取了一些分析师的干预措施,并对其作了"(分析师的态度)是敌意还是诱惑,对患者的行为是赞同还是反对,以及是否过度行使威权"的审查。调查结果令人惊愕。他们提选出10次干预作为10种不同"句法"(达尔称这些为隐蔽的交流)的例证,从中看出,分析师借此起到了相当于对倒霉的患者手臂作捏、踢、扭动作的心理作用。下面是其中的第一个例子和作者对此的评论:

"你知道,这就是它一直被呈现的方式,而且是对负面的东西所做的呈现。你知道,这非关于坏,非关于此,也非关于彼。"

考虑短语"它一直被呈现……"是一个无主体被动语态的实例,一个没有潜在主语的被动语态句子……分析师本可以说"你总是把它作为负面的内容呈现",但却说"它一直被呈现"。这种方式就让人无法确定是谁做了呈现。分析师以一种似乎非常不适合二元情境的方式有效地除掉了患者。简而言之,通过所使用的语法,我们似乎已揭露了(分析师对患者)心理上的谋杀。

在随后的一次会面中,在他那个书本和纸张均杂乱无章的办公室里,达尔表示,他坚信为了研究目的而录下分析内容是很必要的。"否则,我们没有数据可依,"他说,"现在我们仅有分析师相信所发生之事的主观描述,正是基于对患者所做的这些假设,分析师最后接纳他们来做分析。从科学层面看,仅有这些还不够。在其他学科中,道听途说是不能作为数据被接受的。"达尔认为,掌握大量原始数据并将其公开,这是验证精神分析是一门科学的第一步。他相信,就分析师对患者潜意识动机的把握来自显然的"直觉"这点,还必须被证明是源自客观原理和法则的,也就是说,一个患者在分析中所讲的内容(即精神分析的"数据")须能让其他任何一个听到它的分析师做出相同的解释。达尔已经将自己的人生奉献给了这个最为艰难的示范,他认为,在他的有生之年不会再有这些事了。他对精神分析的奉献和信仰源于他自己的分析经验,即他认为这"给了我第二次成长的机会"。

第五章 分析师的困惑

"我的分析师的分析师是梅宁格,后者的分析师是亚伯拉罕,而亚伯拉罕没有分析师。这让我成了一个孤儿。"他笑着说。从旧金山精神分析学院毕业后,达尔在西雅图又从事了 4 年的分析工作,随后来到东部接受研究培训。分析工作不适合他——整天坐着、沉默不语、被动,这对他来说是一种折磨。达尔说自己感到不安、无聊和身上发痒。他告诉我发生在他与纽约精神分析学院关系的一个转折点:他一到这里就被录取了,但没有人有任何热情的表示。之前学院曾邀请著名的奥托·克恩伯格就他的客体关系理论发表演讲,达尔被指定为演讲的两位讨论者之一。另一位是查尔斯·布伦纳。"布伦纳做了一件非常好的事情,"达尔回忆道,"他让我先说话。通常会让比较重要的讨论者先说,然后其他人就会离开会场;把我放在第一位,布伦纳就保证了我有听众。他做得非常体面。我对克恩伯格做了一番攻击。我做过功课,我把他打垮了,每个人都知道我做到了这点。从那以后,我就被大家接纳了。那些把我当作电脑疯子的人开始对我友好起来。各种各样的人开始注意到我,甚至邀请我参加派对。"

我们离开达尔的办公室,上了几层楼,经过医院的动物实验区,来到一片房间交错排列又显得凄凉的地方,那里有一台打孔机、录音设备,以及达尔几年前在 6 年的分析中将内容录制后保存在这里的磁带、他撰写的文稿和笔记。达尔把我介绍给弗吉尼亚·泰勒,一位漂亮的年轻女子,带着一种内敛的友善,沉着自信,井井有条,那时她正坐在空荡荡的办公桌前分析一个句子。

达尔在许多方面攻击了他所记录的分析（共有 1204 节），他的注意力最终集中在一节分析上：分析进程中的第 5 个小时。通过对这 1 小时在语言和逻辑方面的逐字记录所做的深入分析，达尔和泰勒尝试揭示分析师一边在"密切地关注"患者的话语，一边对患者的潜意识意义做假设的心理过程。因为，那些已嵌入生命早期印记中、仿佛用隐形墨水书写下来的信息，是患者无数的、不会搞错的潜意识动机的痕迹。虽然这些无法被肉眼看到，但在达尔和泰勒设计的特殊语言和逻辑的显微镜下，它们却彰显出来，从而清楚地证明了潜意识的存在。每个分析师含蓄地"知道"的关于其患者的种种，达尔和泰勒正试图通过这些文本分析明确地揭示出来。

达尔建议我优先倾听第 5 节分析，以此开始研究注解过的文稿。他说，任何其他时段的分析内容其实都能让他达到目的，但第 5 节的会谈内容恰好特别丰富，仿佛整个分析的缩影，也像一部歌剧的序曲，所有主题都在其中传达出来。然而，达尔回忆说，在录制时他并不觉得这次会谈特别重要。在做分析结束后的回顾时，他才从这节分析中明白了它的预言性。在一个从正在度假的性研究人员那里借来的一个小房间里，他安排我坐下，将一盘磁带放入一台大型录音机，教我如何启动和按停磁带，然后离开了房间。我在打开机器之前停顿了一下，对自己即将要做的事情有点敬畏：偷听一个患者对分析师的告白。我记得弗洛伊德在他的《精神分析导论》第一堂课中的告诫："你不能作为观众出现

第五章　分析师的困惑

在精神分析治疗中。你只能被告知分析情况；而且，用最严谨的话来说，只有通过听闻到的内容你才能对精神分析有所了解⋯⋯精神分析治疗的对话是不允许听众在场的。"我打开机器，听了50分钟，那是一个年轻人断断续续、漫无边际的自言自语，描述着平凡而琐碎的事件，表达着普通的想法和感受。这就像在听一个无聊、只专注于自我世界的一位熟人的自言自语。弗洛伊德是对的：偷听分析会谈的局外人对此几乎无从了解；他就像在偷听一段用外语表达的对话（或独白）一样。直到后来，在阅读了这50分钟的注释文稿后，我才费力地破译了患者多年前从潜意识中传送给分析师的秘密信息，而达尔遵循弗洛伊德的不控制、不期盼、不引导的聆听指示，已经"直觉地"掌握了它。在第5节分析中，达尔只讲了2次。他的表达听起来令人印象深刻，仿若一个相对年长、聪明、温和、更权威的另一个他。当我把这个印象告诉他时，他笑了，说："我对自己的表现也印象深刻。"他说，在分析的头几年，他故意说得很少，因此没有人会说他向患者"建议"了什么事情。而在分析的后期，他说得较多了（另一个导致达尔谨慎表达的原因是，他在接受纽约精神分析学院著名分析师雅各布·阿洛的督导，在对这个患者做分析的完整过程中，他每周都会与雅各布会面，接受其督导）。分析沿着标准的俄狄浦斯路线发展，这也是传统精神分析针对中度神经官能症患者需要遵循的一条路径。整个分析仅有一小部分被转录了下来；转录成本很高，而公共和私人基金会提供给达尔的研究资金既有限额也不稳定。至此，他对第 5 节分析内容已经研究了 3 年。他认为自己正处于重大突破的边缘。他相信科学，相信"世界是有序的"，这使他能锚定自己的任务，坚定地追求分析师难以掌握的、其他领域的科学家不太感兴趣的知识。

第六章
分析师面临的诱惑

　　我对心理分析师的印象是他们近乎圣人。当我将此告诉阿龙时，他甩给我一种当他认为所讨论的某人或某事"不科学"时常用的表情。但是最近，仿佛潜意识里获得了某种勉强的默许，他开始谈到2名分析师，他们违反了精神分析界的道德规范，诋毁了精神分析禁欲般的理想，且因违纪行为而受到了残酷惩罚。他们犯下的罪过是和自己的患者结婚。或者，正如阿龙刻薄地解释的（因为以前就有分析家与患者结婚的例子），他们的过错是身为卓越、强大、著名的分析家——分析界的领军人物——娶了自己的患者。阿龙说，如果一个无足轻重的分析师与其患者结婚，他只会被排除在推荐网络之外，任由其在分析机构中沦落，直到更加默默无闻。但是，如果是下面的情况：与患者结婚的是美国精神分析协会的前任主席、纽约精神分析学院教育委员会的某个成员、受训分析师、杰出的精神分析理论家——以上这些其实与这里发生的事性质相同——那他必须接受无情处置，被从所在高位拉下来，剥夺荣誉，并绑在柱子上示众，以此警告其他跃跃欲试地想背弃精神分析誓言的人。

这些事件发生在几年前，阿龙听说的已经是第十手的故事了。他不确定他听到的故事细节是否准确——在他告诉我的版本中，分析师X在分析结束后不久就开始和她的患者外出了，而分析师Y在分析过程中就陷入了一个混乱的三角关系。当这种关系被学院的领导人得知时，其结果是毋庸置疑的。违规者立即受到了纪律处分：他们被从培训分析师名单中除名，在管理机构中的各种职务被剥夺，最终，被解雇教职。他们追求更高的精神分析领域职业生涯的事到此结束。最后，他们离开了这座城市：其中一个在几年前去世了。这一丑闻震惊了精神分析界，并已成为其神秘性的一部分。孩子们看着兄弟姐妹被鞭打时会感到惊讶和恐怖，是因为他们也曾多次想象自己做同样的事情，同样地，分析师们也悄悄谈论着分析师X和分析师Y的坠落，有些人同意学院采取严酷无情的立场，其他人则认为即便惩罚也应该恩威并用。

我说："第一个分析师受到惩罚是基于他在分析后所做的事情。这惩罚是不是有点太过分了？"

阿龙叹了口气说："通过对患者所做的第二轮和第三轮分析，

第六章 分析师面临的诱惑

我们现在知道了分析具有'后遗症',这让我们明白,分析工作的'内部'和'外部'界限其实比我们以前想象的要脆弱得多。在精神分析的早期,人们对我们今天已经非常小心和紧张的事情的态度是很随意的。事实上,我们今天会认为他们当时做的事情很疯狂。他们并不具备我们目前对移情的了解。他们不知道移情的危险。他们就像居里夫人,当时并不知道镭的危害性,因处理得太随便致使自己得了白血病。"

弗洛伊德自己著名的移情受伤案例是杜拉,他在3个月后中断了分析,当时,杜拉并没有像贬低弗洛伊德的治疗野心从而燃起他的激情那样给他带来冲击。"就在我对成功终止治疗的希望达到最高点的时候,她突然出人意料地停止了,也因此,她让我的这些希望落空了——在她,这是一次明确无误的报复行为,"弗洛伊德在案例报告的结尾感叹,并补充说,"和我一样,无人能召唤出了人类胸中最邪恶的、半驯服的那个恶魔且试图与它搏斗,却还期待能在这场搏斗中毫发无伤。"在杜拉的案例中,弗洛伊德将摧毁性的失败转化为卓越的智力优势的独特才能得到了体现,因为,在反思失败的原因时,他做了对移情概念的第一次全面阐述。在《癔症研究》中,弗洛伊德就移情所作的简短和婉转的暗示,比如,如果一个患者想要亲吻他,是因为她将他和一个她多年前想亲吻的男人之间建立了"虚假的联系",这显示了他的发现当时还很模糊,也未成形。在对杜拉案例所做的后记中,弗洛伊德将模糊的直觉跃升为自信的假设,对于一些精神分析史学家来说，这就是这篇论文的主要贡献所在。但是，在弗洛伊德对关于移情的发现所做的各种叙述中，存在着一个奇怪的空白，那就是对于他第一次遗憾地公开承认移情的强大存在的背景故事，他保持了一种奇怪的沉默。在所有这些叙述中，弗洛伊德都表达了这样一种观点，即他的女性患者对性的强求使他假设存在着一种普遍的现象，并可以借此解释他坚信自己并无性唤起的行为。然而，根据后记的证据，人们会得出这样的结论：正是弗洛伊德对杜拉背叛他（分析）所产生的那种愤怒、沮丧和失望，才成了他重大发现的支撑点。切尔托克和德索绪尔关于移情这个概念具有"预防"功能的想法，可能就适用于杜拉中断分析的这种负面例子，也适用于那些坚持不懈接受分析的女人的正面例子：它保护了分析师，使其不因治疗失败而感到羞辱，而且还抵制了性卷入的诱感。而"忘记"杜拉在发现移情中的作用，是不是弗洛伊德以此向那个鲁莽的女孩所做的报复呢？因为，在他看来，这个女孩提出打算退出分析的警告，就像一个仆人提前两周警告其主人自己要罢工一样。

这并非杜拉个案中的唯一谜团。整个报告都有点儿古怪——这个不让人满意，那个令人失望。你越读它越感觉到那种逐渐升级的恼怒、困惑、迷失方向和厌倦，中间还夹杂着兴奋。会有些什么让你在阅读时觉得心烦，就像遗忘了某个单词一样，你会对自己的这种既耐心又无聊感到很熟悉：这就是听别人的梦时的那种不耐烦和无聊。正如弗洛伊德所指出的，人们认为的梦境——

第六章 分析师面临的诱惑

人们记得和陈述出的那部分——只是其下隐藏的个人私密的表象。通过弗洛伊德所谓的"梦的工作",潜在的"梦思"会转化为"显梦"。这项"工作"和分析所呈现的一致:通过让做梦者的思想自由地与梦的各个部分联系起来,他就不可避免地被引导到梦的意义和他的内心愿望上。

如果我们把关于杜拉的论文——其本意想展示在分析中使用的梦的解析法,而且,围绕着杜拉的两个梦也是这么做的——当作它本身就是一个梦,并将其提交给弗洛伊德为把被压抑的东西从表象中诱导出来而设计的特殊审查方法去审查,它的大部分神秘(和无聊)就都消失了。弗洛伊德几乎公开地(有可能是潜意识地)在邀请我们这样做——其论文中充满隐蔽的含义和安插好的线索——当人们试图去破解它的密码而不是仅做阅读时,这点似乎就越来越明显了。这里的第一个暗示,是弗洛伊德为他的患者选择的名字。"但我们知道弗洛伊德为什么选择杜拉这个名字",精通弗洛伊德的读者会如此抗议。的确,在《日常生活的精神病理学》(1901)中,弗洛伊德用他选择"杜拉"这个名字说明了心理决定论的概念,即并不存在偶然性的概念。他写道,当他考虑给这个女孩取什么笔名时,令他惊讶的是,在数百个可用的名字中他只注意到了一个:他的联想把他带到了他妹妹罗莎的保姆身上,这个女孩的名字也叫罗莎,但为了避免与女主人的名字相混淆,她用了杜拉这个名字。弗洛伊德先是叙述了他对这种平民式联想的"怀疑",随后,他以思维并无阶级性做了哲学上的接纳。但是有理由认为，弗洛伊德过早地停止了联想——如果他顺从自己的第一直觉，从保姆那里抽身，不再将联想停顿在她那里而是越过她，他甚至会用另一个名字，这个名字具有强大的暗示性和引人注目的象征意义，这会导致它占据令人无法拒绝、将所有其他名字全部抹去的至高无上的地位。那么，除了潘多拉这个名字，杜拉还能被谁代替？这个个案仿佛带着魔盒在嘎嘎作响，无论你转身何处，好像都会踢倒其中一个。在杜拉的第1个梦里，有1个首饰盒（在将它与女性生殖器联系起来方面，弗洛伊德没有浪费时间）；在第2个梦里有2个盒子，它们各自的伪装品（钥匙和火车站）也被弗洛伊德迅速识破；另外，还有上面提到的手提袋，杜拉曾把手指戳进戳出[1]。另一个针对带给我们所有不幸的这个女性权威所做的隐晦暗示，则来自弗洛伊德对水与火的原始对立进行的讨论，借此开始了对杜拉的（他认为）手淫引起遗尿的解释。大约30年后，在他撰写的一篇名为"火的获取和控制"（1932）的论文中，弗洛伊德琢磨出他有关原始记忆中与火与尿相关的认识，提出这种返祖现象在关于普罗米修斯的神话中的呈现，是通过普罗米修斯在将他偷来的礼物送给人类时使用的是阴茎状的茴香树枝表达的。这个点（就目前的论点来说）就成了普罗米修斯和潘多拉之间的相关点。潘多拉就是上帝因普罗米修斯的盗窃行为来惩罚人类而创造出来的。她由黏土和水制成，天生丽质，但性情恶劣（赫西奥德说她"头脑无耻，本性诡诈"）。伊皮米修斯不顾哥哥普罗米修斯的警告，将潘

第六章 分析师面临的诱惑

多拉作为妻子带进自己家里,就在那里,潘多拉打开了致命的罐子或盒子,释放了人类之前已摆脱的所有邪恶和瘟疫,然后又适时地合上盖子以留住虚幻的希望。(在此请注意,弗洛伊德对分析工作释放出了"半驯服的恶魔"的抱怨。)

很多杜拉案例的评论者都会被弗洛伊德对这个患者采用的语气感到惊吓和不快,这是一个漂亮、聪明但相当可怜的 18 岁女孩,她被父亲带到了一位 44 岁的神经病症专家和长辈那里,她向后者坦诚地讲述了一个关于她周围的成年人对她剥削、骚扰和背叛的悲伤故事。但是,弗洛伊德并没有像她所期望的那样给予慈父般的关心和同情——而今天的青少年精神科医生会自然地对如此年纪轻轻就陷入困境的人给以关切的——弗洛伊德却将杜拉视为致命的对手。他与她互搏,给她下套,逼她入绝境,用解释轰炸她且毫不留情,用他自己的话来说,简直难以形容,就像她险恶的家庭圈子中的任何一个人那样对她,最终因做得太过分而将她逼走。将杜拉与潘多拉联系起来有助于解释弗洛伊德的奇怪行为。如果是弗洛伊德的反移情赋予了杜拉夏娃般的诱惑和危险,如果他并没将杜拉看作一个境遇糟糕的维也纳少女,而是看作世界上第一个带着所有美丽和邪恶的神秘感的女人,那他这么对待杜拉就不足为奇了。和我们一样,弗洛伊德也不免会高估事情,也许还不如我们。他对朋友弗里斯的理想化移情被认为是 20 世纪 90 年代的重要发现。弗洛伊德在使用完弗里斯之后就调低了对他的评价,就像一个患者通过移情"使用"完他的分析师后所做的。在自己的发现完成后，弗洛伊德丢弃了那些不知情的催化剂，就像他丢弃了布洛伊尔，并将丢弃荣格一样。杜拉起到的作用也是围绕同样的目的。她对弗洛伊德想象力的控制促使他对她的潜意识进行宏大的推理，更重要的是，创造出了力透纸背且极度紧张、愤怒、暗流涌动的剧情。

弗洛伊德描述了分析过程中的一个场景：他在候诊室遇到杜拉，她匆忙藏起正在读的一封信。他自然地坚持要她告诉自己信中的内容。在表现出很大的不情愿之后，杜拉终于承认这封信是她祖母写的，内容是敦促她多写信。弗洛伊德认为这无趣且无关紧要，总结道："杜拉只是想和我玩'秘密'游戏，并借此暗示她正准备让医生从她身上揭开她的秘密。"如果这确实是杜拉正在做的事情——另一位分析师可能对祖母不那么好奇——她不可能找到一个像弗洛伊德那样更情愿、更热心的玩伴了。从他在有关杜拉的论文中对自己的无辜所做的费力抗议看，弗洛伊德急于从他的患者身上揭开秘密（潘多拉神话到底是什么，难道仅仅是一个摘花的寓言？）的内容读来让人感觉很有趣。在文章的开篇，他宣称：

> 在对这个个案所做的回顾记录中……性问题将被坦率地讨论，性器官和性生活的功能将以合适的名称提及，心灵纯洁的读者可以从我的描述中相信：哪怕这是一位年轻的女性，我也会毫不犹豫地和她用这样的语

第六章 分析师面临的诱惑

言谈论这些话题。(为给自己辩护)我在此仅主张自己作为妇科医生的权利——或者更谦虚的权利——我还想说,如果有人提出这种谈话是一种让人兴奋或满足性欲的手段,这意味着他自己就是奇特而乖僻的好色者。

在个案的后期,在从女孩那里套出口交幻想后,弗洛伊德向读者保证——这些人一定会对"我竟然敢对一个年轻女孩谈论如此微妙和令人不快的话题"感到震惊和恐惧——"一个男人可以就各种性事与女孩或女人交谈,这既不会带给对方伤害,也不会让人对自己起疑,只要他做到:首先,能采用一种特定的方式;其次,还能让对方确信这不可避免",另外,"最好不带感情地、直接地谈论此类事情"。今天,更老练的分析师不再因承认他们在听到患者谈论性时感受到刺激而愧疚了;这已被当作常见的职业风险之一。在天真无知的情况下(考虑到他所处的时代),弗洛伊德从与杜拉的谈话中受到的刺激可能高于今天那些更谨慎、(考虑到我们所处的时代)更疲惫的从业者。确实,弗洛伊德潜意识的个人动机[2]赋予了有关杜拉个案的论文强大且令人恼火的力量,以致自1905年"少女杜拉的故事"出版以来,它一直抓取着分析师们的想象力,而出版已经是在杜拉用力关上大门的5年之后了。(弗洛伊德一直在为某事烦恼而推迟了它的出版。)在对释梦方法所做的讲述后面,有一个更基本的关注点。同样,在医生寻找患者歇斯底里症状原因的(明显的）科学报告的背后，隐藏着一出（潜在的）男人与自己搏斗的原始剧情，这是任何一个从事精神分析的人都会和他的患者所要经历的。"假如我自己能扮演其中一个角色，假如我夸大她留下来对我的重要性，对她表现出热烈的个人兴趣，是否就有可能让这个女孩留下来继续接受我的治疗？——即便只接受我是她的医生，这个分析过程是否也相当于我提供了她所渴望的情感替代品？"弗洛伊德在杜拉逃走后自问道。他直截了当地回答了对自己的反问："我一直在避免扮演一个角色，且一直仅让自己满足于实践更卑微的心理学的治疗艺术。"但在他的后记中，弗洛伊德承认，他就杜拉对 K 先生移情的理解和所作的迟缓的解释，在他看来才是杜拉突然离开的原因。这位 K 先生是杜拉家的朋友，他的性关注让杜拉立即感到了兴奋和害怕。不过可以肯定的是，弗洛伊德把自己与 K 先生所作的关联完全非杜拉所愿，是他自己也想和杜拉一起做 K 先生试图做的事情。弗洛伊德不惜一切代价避免表演的部分正是好色之徒——这是恐怖之恐怖！——一个引诱自己女儿的父亲。弗洛伊德赋予他人的淫荡兴致其实来自他自己。他对杜拉的严厉和冷酷是他对自己泼冷水的方式，并非对她情感冷酷。欧内斯特·琼斯在他的弗洛伊德传记中惊叹于弗洛伊德是多么的"尤其拥护一夫一妻制"，他写道："很少有男人能说他们在一生中没被任何女人以任何严肃的方式打动过，除了这仅有的、唯一的女士。然而，在弗洛伊德这里，情况似乎真的如此。"但是，是这样吗？那个教我们深入内

第六章 分析师面临的诱惑

心、发现我们除了性之外几乎对其他事物不感兴趣的人,当然不能被排除在他自己的这个发现之外。琼斯没能区分欲望和行为。有人可能会说,恰恰相反,弗洛伊德非凡的一夫一妻制就是他在日常工作中所经历的性唤起的直接结果。作为第一个精神分析师,他是第一个与两个参与者身上释放出的激情作斗争的人,而这激情就来自独特的分析关系。下班后,他就不想追逐女性了。布洛伊尔在安娜那里打开了潘多拉的盒子,然后逃离,而弗洛伊德却坚定地留下来面对。在关于杜拉的分析论文中,弗洛伊德制定了被莱奥·斯通称之为"令人鼓舞的坦率"的、关于幻想与现实、激情与理性、感觉自由和行为约束的辩证法,分析情境即受它支配。在弗洛伊德对杜拉的性愿望显而易见的"天真"背后,显示他对自己、对自己的动机、对自己的创造具有危险性的深刻而怀疑的了解。他知道自己在玩火,但他有普罗米修斯的胆量,坚持着他危险的治疗游戏。在关于杜拉的论文中,弗洛伊德描述说,为完成工作,分析师需要具有理解患者的双重视野:他必须发明这个患者,然后调查他;他必须赋予他神话和浪漫的魔力,同时让他沦为科学和精神病理学的可怜碎片。只有这样,分析师才能维持他对另一个人的痴迷兴趣,即作为一个恋人或犯罪调查员的执着,并将允许其"无情"地存在的理性保持在可控范围内。

最后,他必须让患者离开。杜拉的突然离别属于结束分析的一个虽极端但依然标准的版本。所有的分析都结束得有些不堪。

· 107 ·

每个"终结"都会让参与者感到意犹未尽；每个结束都荒谬；每个结束都是一次小型的、无意义的死亡。精神分析不能容忍幸福的结局；精神分析排除幸福结局的方式，就像身体的免疫系统将移植的器官排出体外一样。纵观其历史，人们一直在试图改变精神分析的悲剧性质，但都失败了。在20世纪40年代有过一个引人瞩目的例子：一位住在芝加哥的外来移民分析师弗朗茨·亚历山大（Franz Alexander）在桑多尔·费伦齐的带领下，以"矫正性情感体验"的形式为分析提供了一个快乐的结局，这种方式大受欢迎。这种"体验"归根结底也没什么特别的——而是某种分析师的谨慎和抗感染的初衷所带来的善意和安慰，即今天所谓"支持性"疗法的一种形式。患者不用再在沙发上重温那段令人遗憾的俄狄浦斯剧情，相反，他会得到新的待遇，会发现分析即便趋于尾声也并不那么糟糕。[3] 自此，强硬的弗洛伊德派与心软的亚历山大派进行了野蛮而凶猛的斗争，到20世纪50年代后期，前者已经击败了后者。今天，另一位芝加哥分析家科胡特提出了精神分析的另一个修订版，旨在削弱精神分析的坚硬和冷酷，于是，该行业再次出现两极分化。在这段历史背景下，对纽约精神分析学院两位分析师的惩罚便具有了更大的意义。它代表了一种理论姿态，也是一种道德姿态；它在乎的是精神分析运动的教条以及该行业的道德规范。

我问阿龙，他是否能想象自己也做这两位分析师所做的事情。

第六章 分析师面临的诱惑

"你说的'想象'是什么意思?"阿龙说,"我有过很多次这样的想法。"

"所以诱惑是存在的,但必须抵制。"

"我对抵制不了解。不。应该被分析过。"

"但你不会像他们那样做的。"

"这已分析过了,"阿龙重复道,"精神分析不会涉及一个人的行为,而是对一个人想做什么提供最大可能的自由。有很多次,我曾幻想与患者约会、结婚甚至与她们发生性关系。这都是很常见的反移情反应。是的,我有过这些幻想。每两个分析师中就有一人有过这种幻想,这并不是问题。问题是这个分析师是否正处于情感上绝望的境地,这种情况会让他无法分析自己的移情反应,导致做出渴望之事。这两个男人——据我对那些谣言和神秘所了解到的——都是婚姻破裂的中年男人。他们是陷入绝境的男人。与患者睡觉的分析师,通常其本人正处在绝望的心理困境中。这并非来自患者的吸引力和诱惑力;而是分析师在他自己的生活中处于可怕的状态转而向患者寻求帮助。引诱自己孩子的人是处于可怕情绪境况的人,他们这么做是想让自己感觉良好,但带来的后果却很悲惨。"

"所以,当你分析自己对患者的感受,在你选择不和她睡觉之前,你已经知道自己是不会这么做的,就像父亲知道他不会和女儿睡觉一样,"我说,"但当你说你只分析你自己和你的幻想,并不知道分析会导致什么结果时,你这不是不诚实吗?其实你早就已经知道分析的结果了?为什么不接受你在行为上也是受限的呢?而这两位分析师显然打破了乱伦禁忌。"

阿龙有点不情愿地点点头,说道:"是的,我很幸运,我从来没有遇到过这种情况。曾经有美丽的年轻患者因色情移情爱上了我,一个人能感受到这种本能的拉扯。但这是一定会发生的,所以这并不是问题的关键。问题是这两人中的其中一位曾是美国精神分析协会的主席,而另一位也是同样重要的人物。人们可以用多种方式看待他们的行为。可以将其视为人类脆弱的一种表现——这是一个中年男性试图抓住机会从生活中获得更多快乐的行为,尽管他们也知道如果违背部落的习俗会产生什么后果,却决定无论如何都要去做。从这些角度来看,他们的选择就有某种英雄和悲剧的性质。但让我给你描绘另一个场景吧,一个不那么惹人同情但同样可能会发生的场景。在此有两个被理想化和偶像化的男人。无论他们处在哪个精神分析圈子里,人们都会说:'看,那个××来了。'他们是最负盛名、魅力四射的人物。他们认为,正如意第绪语所说,'Der Reb meg',即'拉比可以那么着',这听起来似乎缺乏同情心,但也符合他们的地位。当然,他们有可能会陶醉于自己的名声和别人对他们的偶像崇拜。你甚至可以更进一步推论。以一个有潜在内疚感的人为例,这种持久的罪恶感使得他的内疚感如此强烈,以致他不得不做一些自我毁灭的事情——他对被偶像化、理想化、权威化和被崇拜会做什么反应呢?如果再进一步转变这个推论,那个做手术前不洗手

第六章 分析师面临的诱惑

的外科医生是怎么回事？在手术后没有正确缝合患者的外科医生又是怎么回事？这都是渎职。这些人的所作所为都可能被视为渎职。"

"为何会这样？"

阿龙站起来，继续说道："菲利斯·格林纳克就这个问题写得非常尖锐。我把她写的内容读给你听。"他从书柜里拿出一本书，翻了翻，找到了地方。"这是来自一篇名为'移情的作用'的论文，它发表在1954年的美国精神分析协会杂志上，"他说。然后读道：

> 我绝对不同意某位相当杰出的分析师的评论，他多次对我说，鉴于有如此多的分析师超越了移情的界限——有时甚至是以很性欲的方式——他认为最好的做法是对这些事件只字不提。只有通过讨论这些事发生的可能性（而不是惩罚犯罪者）、通过强调它们对学生和我们这个圈子带来的危险，我们才能真正将这门科学发展到能对每个临床案例做研究的精度。如果将患者的乱伦幻想带入他现实生活中的关系，这会扭曲患者以后的生活，这种影响可能比儿童时期任何实际的乱伦诱惑更为严重。潜意识的力量是如此强大，以致它会"报复"那些利用它、过于轻率地对待它的人。

注 释

1. 这一举动让弗洛伊德想起了另一个"非常有趣的插曲":当时,另一名患者在治疗期间拿出一个小盒子,表面上看是想"用吃甜食让自己恢复活力"。可弗洛伊德知道其中的奥妙,他写道:"她费力地想打开它,然后递给我,这样我就可以说服自己打开它确实困难。我说,我怀疑这个盒子一定有着特别的意味,因为这是我第一次见到它,虽然主人在我这里接受分析一年多了。对此,这位女士急切地回答说:'我总是带着这个盒子的。无论我走到哪里我都带着它。'直到我笑着向她指出她的这句话也适合理解为另一种意思时,她才平静下来。盒子——就像十字标线和珠宝盒一样——其实只是金星外壳的替代品,是女性生殖器的替代品。"艺术史学家欧文和杜拉·潘诺夫斯基在《潘多拉的盒子》(1956)中做了关于形象方面的研究,追溯了潘多拉在希腊神话故事中打开的原始大陶罐(妻子),以及自文艺复兴以来她通常在艺术和文学作品中被配给一只小盒子(pyxis)的隐喻,还在伊拉斯谟的文本中找到了转折点。在弗洛伊德(从表面上看无来由地)使用希腊词汇时,他会不会是在暗示他对这位最著名的盒子持有者的隐秘的觉察呢?还是我被自己的聪明带偏了呢?

2. 在他的论文《关于三个棺材的主题》(1913)中,通过对各种神话和人类学的排列,弗洛伊德追溯了《威尼斯商人》中巴萨尼奥选择铅棺的意义,最终令人惊讶地将科迪莉亚(李尔的三个选择之一）认定为一个死亡形象，由此将李尔选择这个坏姐妹解释为其逃避死亡的企图。弗洛伊德写道："李尔的戏剧性故事旨在灌输两个明智的教训：一个人既不应该在一生中放弃自己的财产和权利，还必须提防接受表面上的奉承。但在我看来，仅仅认为剧作家会产生这种思路，或者假设剧作家的个人动机并没有超出想告知这些教训的意图，是完全不能解释《李尔王》具有的巨大影响的。"

3. 正是在亚历山大思想的影响下，哈罗德·斯尔丽斯（Harold Searles）撰写了他那篇大胆的论文《论反移情中的俄狄浦斯之爱》（1959），他在文中承认，他不仅在分析的最后阶段爱上了他所有的患者——对他的工作充满了皮格马利翁式的满足感——而且还认为，让他们知道他的感受是个好主意。"患者的自尊感极大地受益于他（或她）知道自己能够在分析师身上引起这种反应，"斯尔丽斯写道，并继续与亚历山大争辩说，弗洛伊德对人类的性状况过于悲观了——如果父母与其孩子都能产生"相互放弃"的欲望，而不是冷冷地推开他们，那么俄狄浦斯期就不会带来创伤性的、神经官能症的后果，甚至连精神病都可能避免。

第七章
分析师也是普通人

阿龙接受任命，赴任先前被提名的学院下级行政部门的职位。他告诉我，在接到学院院长电话的当天，他曾感到焦虑。他装作不在乎，但一想到自己可能被淘汰就觉得很受折磨；当院长通知他任命已被通过时，他才松了一口气。尽管他认为行政位置不重要，但他告诉我，如果输了会感觉很糟糕。"这个任命对我来说具有移情上的意义，"他说，"在电话里听到院长声音的那一刻，我就开始颤抖。我的心怦怦直跳。我处在一种糟糕的焦虑状态。而这一切不过是为了一份卑微的行政工作！"

在专业分析团体里未解决的移情问题，会经常且不受约束地在精神分析期刊中讨论到。在翻阅期刊的过程中，我看到了许多

第七章　分析师也是普通人

关于这个主题的论文，被分析组织中普遍存在的极度紧张和糟糕感所震撼。荷兰分析家 P. J. 冯德莱恩在 1968 年写道："嫉妒、竞争、权力冲突、小团体的形成，以及由此导致的不和及阴谋司空见惯，"他还若有所思地补充道，"我们希望从彼此之间的关系中得到满足，却经常感到失望。我的印象是，在成员之间很少存在真正的友谊。我们的相互关系只在偶尔的情况下才会发展成真正的友谊。"雅各布·阿洛在 1972 年就直言不讳地指出："把同事分为两类分析师——培训分析师和普通分析师——所导致的紧张气氛已经浸入学院的组织和科学生活。"阿洛继续将"弥漫在许多没被任命为培训分析师的同事中的不满情绪"归因于分析界具有的共同幻想，即认为训练分析是一种"延长了的入门仪式"，自然而然地，对大家来说，其高光时刻就是被允许进入待选队列。

我向阿龙表达说，我对分析师以如此疯狂的方式开展组织生活感到惊讶，他们应该比我们其他人更聪明、更善于思考，他对此很不赞同地摇了摇头。

"分析师并不比其他人更聪明、更善于思考，"他说，"他们和其他人并没有什么不同。"

"但他们已经被分析过了。这难道不可以赋予一个人一些优势，一些能控制其情绪和冲动的额外力量吗？"

"程度很小，"阿龙说，"即使有这些许的优势，分析师也仅在生活中的一种情况下运用到，即分析情境。在那种最不自然、高度人工、压力巨大的情况下,分析师自我认识和自我控制的微小优势才能体现出来。但是,当你把他带出诊室时,其优势就消失了,他变得和其他人一样,也开始像其他人一样行事。"

"这很讽刺呀,"我说,"分析师与他的患者一起工作,就是为了使对方的行为更具理性和反省,而他自己却依旧非理性,也不反省。"

"但这不是分析师与患者一起工作时要实现的目标。这是针对分析的一个普遍流行的迷思——它使患者成为一个更清晰的思考者,能使他变得智慧良善,从此这些经过分析的人会比其他人知道的更多。但精神分析并不针对智力,它无关道德,它也没有教育作用,它就是一个手术。它将大脑内部的东西重新整理,就像手术的作用是重新整理身体内部的器官一样——甚至就像汽车修理工重新整理汽车引擎盖下的器件一样。它就是那么没人味,那么激进。人们能得到的改变非常小。我们的生活是强迫性的重复,分析只能做到把人们从中尽可能地解放出来。分析让患者拥有比以前更多的选择自由,除此之外还有什么呢?也就这么多了:与其一直沿着子午线走,他可以沿着 5 度、10 度的经度走——如果你非常用力推的话,他也有可能沿着 15 度的经度走——有时向左或向右,但仅此而已。我自己的变化比我分析过的一些患者还要少。有时我对自己感到沮丧;有时我会担心自己。几周前,我做了一件让自己感到困扰和担心的事情:我和我的妻子到苏活区与一些朋友共进晚餐,我们在餐桌前一通乱聊,喝酒,大笑,后来，话题转到精神分析的收费上。我的这些朋友们都不是分析师，于是就有人开始拿分析师开玩笑。目前费用是一个让我非常敏感的话题，原因有很多。首先，有关金钱的整个话题对我来说都很难应付。坦率地说，我想拥有更多的金钱，我很羡慕有钱的分析师，但我却做不了使收入增加的必要事情，比如乞求推荐患者给我。总而言之，这就是我的情况。而那些年轻的分析师在聚会和会议时会悄悄靠近年长的同事，就像乞丐抓着贵族的长袍一样，表面上还漫不经心地说：'哎，我还有一些空闲时间呢。'他们就是这样行事的，但我觉得这是自贬身价，我做不到。所以，我尚有未被填满的工作时间，对此我很苦恼。另外还有其他一些事情让我对涉及分析费用的笑话很敏感。我有一个患者，我对他的分析几乎都在避开付费而进行。在某种情况下，这个看似简单的实际问题变得对他意义极其重大，以至于他8个月没有付给我钱。是的，8个月！我还允许此事发生了：他不付钱，而我一周又一周、一月又一月地继续分析他，严格地按照分析原则来。我认为这是我作为分析师做过的最英勇的事情之一，而且非常成功。后来某天，他进来递给我一张他所欠费用的支票。但最近他又不再付钱给我了。我们又重新经历了这个过程，我再度紧张和担心起来，所以，当他们开始在晚宴上拿费用开玩笑时，我没有笑，我开始非常严肃认真地向他们解释，说这些内容是多么意义重大。但他们继续开这个玩笑。这是一个活跃的聚会，我们喝了很多酒，最后，我犯了最严重的社交失礼：我以最粗鲁、最自命不凡、最具道德暴力的长篇大论进行了攻击，这让在场的每个人都感到尴尬，这份尴尬于我尤甚。那就是我：一个成熟的、反思的、经过充分分析（或多或少地）的分析师，此刻就像一个普通人那样行事，甚至比这更糟。"他苦笑着说。

阿龙的自我鞭笞情绪在我们的会面中持续存在，只要有机会，它就会穿插在我们的谈话中。谈到治疗精神病患的话题，阿龙说，他不喜欢和那些患者一起工作。"有时这让我很烦恼，"他说，"原因是我没那么慷慨。我只在乎自己。我对自己的想法、烦恼、痛苦、快乐感兴趣。我很难付出太多。那些与精神分裂症患者相处得很好的人，他们的自我中心和重心都有些偏离。能把另一个人作为自己生活的中心，其天生就具有一种不同寻常的直觉、敏感和善良的特征。桑多尔·费伦齐就是这样一个人——他的同情心是一种极高的天赋，他是一个拥有伟大的善良品质的人。我的第一位分析师就是这样一个人，雷奥·斯通算是另一个。这些品质使他们能够承受与重病患者一起工作的压力，并且，当他们治疗神经官能症时，可以更轻松地不被分析技术的严谨性所限制。他们有能力做到这一点。而像我这样不那么善良、不那么敏感、直觉不那么强大的其他分析师则需要借助更多的数据图式演示来了解自己的分析行为以及患者的处境。至于精神分裂症，是需要某种特殊之人与这些高要求的患者一起工作的，而大多数分析师出于各种原因并不治疗他们。而我自身的特质——自私、自顾、无法埋头于另一个人身上——可能正是吸引

第七章 分析师也是普通人

我做精神分析的原因。正是因为它在我和我所治疗的人之间制造了距离,我才被精神分析工作所吸引。这是一种非常舒适的禁欲状态。不卷入他人的事,不为他人的行为负责,只对自己负责就行。精神分析师们会坦率地谈论分析中的沉默、被动和中立所带来的具有防御性质的慰藉。它与某些深刻的动机相符。此外,精神分析师们更像是偷窥者:当在窗外查看卧室里发生的事情时,他们自己会变得很兴奋,但不会卷入混战。有很多种使一个人成为分析师的防御性的、本能的动机,它们都没那么冠冕堂皇。这些动机既是懦弱的,也是原始的。就像——这里我急于补充一句——所有的人类行为都没有缘由一样。但这些动机肯定是成为分析师的最基本的愿望。说'我成为一名分析师是因为我对心灵感兴趣'或'因为我想帮助人们'是不够的,任何有自尊的分析师都不会落脚于此,永远不会。"

可是,显然地,尽管分析工作有着舒适的距离,也不卷入,却很奇怪地令人不快和不安。分析师们被怀疑和焦虑困扰着。"从整体上来说,这个职业是让人感到愧疚的,"阿龙说,"因不了解患者而愧疚。分析师总是疑虑自己无法控制患者呈现的过多材料。人们付给他报酬,也信任他,是因为他提供治疗服务,而他们对患者的某些事情却并不知情。也许在某块岩石下盘着一条响尾蛇,他们却看不到。这种事情是毁灭性的,也不容易解决。每个人都担心这个。每当分析师们聚在一起,他们就会用一种极度小心的方式谈及它。正是在这些小团体中,模棱两可和自我怀疑才会冒头。你在美国精神分析协会或国际会议上是听不到这些的。"

"有些分析师带着最大的信心言之凿凿地公开谈论他们的患者,因而招致了最大范围的钦佩和嫉妒。奥托·克恩伯格就是这样一个人。当克恩伯格谈到一个患者时,好像他里里外外、前前后后都理解那人一样,并且还不费多大劲,这简直令人眼花缭乱。眼花缭乱、才华横溢、印象逼人,但是"——阿龙在此处停下来,用拳头敲击椅子的扶手加以强调,"不具说服力。我们其余这帮人,钻进那些成吨的、我们把对患者不明就里的情况称之为砖石的地下,日复一日地在那里翻找着,而另外却有这位克恩伯格站在讲台上谈论他的治疗案例,说得好像轻而易举一样。有一次,我听到他谈论他在分析中运用反移情的一个案例。他讲述了倾听患者表达时自己脑海中浮现的画面。这张画面来自他看过的一部电影,其中一个男人以一种特别血腥和虐待狂的方式谋杀了他的情妇。克恩伯格说,当时他把这个画面从脑海中排除了。两周之后,当患者联想到他对妻子的仇恨时,克恩伯格想起了这个画面。'我意识到我不应该把它从脑海中抹去,'克恩伯格说,'我应该把它当作事实材料,如果我这样做了,我就能为患者节省10次分析工作。'我坐在那里想:天哪,在没抓住某些东西之前,我已经做了多少次分析啊?10次、20次、50次、100次?而克恩伯格却对他本可以挽救患者却浪费了10次分析感到闹心。他说他搞砸了,白白浪费了10次。克恩伯格因为错过一些东西以致让患者多花费了10个小时感到负有责任,这让我感到很羡慕，而我却大费周章，在最终了解患者的一些事情之前，花费了除上帝之外没人知道的时间长度。最近，我回想起克恩伯格的演讲——我 5 年前听到它——我想，如果认为一个解释提前 10 次做出与 10 次之后做出是一样的，这很愚蠢。仿佛这中间没发生其他事情、延迟解释既缺乏理由也不符合逻辑，患者本来也没准备好听到这个解释、分析师也没准备好去做这个解释一样。如果你尝试以完全尊重对方个性和特质的方式去了解患者，你就不可能像克恩伯格运用其图解方法做到的那般轻松。你会因数据之多、模糊性之强、复杂性之高产生气馁、内疚、沮丧、迷失、困惑和被淹没的感觉。你会经历背痛、消化不良、头痛、疲劳等所有肉体的痛苦，就因为你内疚于自己常常无法理解那些数据背后的意义。这指的还不是分析师因对被他们分析的人造成痛苦和挫折后感到的那种内疚。分析师们一直不得不揭开患者为掩盖伤口而在自己和分析师之间形成的伤疤。这就是患者一直在试图做的事情，即所谓的阻抗——但分析师又不会让他这么做。分析师一直在揭伤疤。他让伤口表面保持原样，目的是使它能够正常愈合。"

"这工作不健康。"我说。

"你的意思是，像在细菌实验室里处理细菌一样？"

"你可以这么说。你自己也会被感染的。"

阿龙点点头。"你自己也会被感染。除了开玩笑，没有人会谈论这个的。你可以通过开玩笑来解毒。这就是玩笑的防御功能。你知道,人们会开玩笑说分析师多么疯狂——他们进行自我分析,对吗?或者,一个分析师对另一位分析师说:'你好吗?'那位分析师说:'我想知道他这么说意味着什么。'这种关于分析师精神病理学的笑话隐藏了一个深刻的论述——是工作让人们发疯的。是的,这是不健康的工作。"

第八章
分析师渴望被患者关注

在随后的一次会面中,我向阿龙坦承,我有时颇厌倦听他说话——我有点讨厌总是听他说却不谈论我自己。

"看吧,"阿龙说,做了一个讽刺的手势。

"这也是你和患者在一起的感觉吗?"我问。

"你说呢!科胡特做过的最棒的事情之一就是,他曾写道:他想对无视他、只把他当作传声筒的患者大声叫嚷:'那我呢?你对我不感兴趣吗?'接着他建议:分析师与这样的患者一起工作,不仅要接纳他们愤怒和沮丧的感觉,还要接受患者对自我的投入,即理解患者有权对自己比对分析师更感兴趣。科胡特将患者的所有行为合理化本身即是对精神分析的一项重要贡献。分析师必须容忍各种不愉快的感觉。我很高兴你正在经历发生在我们之间的事情。分析师不仅应该承接下由患者唤起的不舒服的情绪，还应该探究这可能透露了哪些有关患者的信息。"

"我曾经分析过一个患者，她让我昏昏欲睡。一开始我无法理解，因为她绝不是一个无聊的人，她很好相处，我喜欢和尊重她，可以说，她是一个很优秀的、真正的好人。所以，这种几乎令人窒息的困倦感根本不可能是我对她本人的反应。我想，这一定是我见她的时间不对——但那又不可能，因为她每次来做分析的时间都不相同。我又想，这可能是因为我熬夜了，于是我就去喝黑咖啡。但是，困意却一直持续着，后来我才终于悟到了这一切是怎么回事。我意识到，患者已经对我产生了一种情色移情，并通过使自己变得无趣和沉闷来保护自己，借以免受这种移情的影响——就像她在童年时期对父亲所做的那样，也像她在成年生活中对与之交往的男性所做的（出于某种奇怪的原因），即她永远无法进入任何令人满意的持久关系。"

"但是困倦是你表现出来的症状，"我说，"她并没有真的让你昏昏欲睡。""但这就是她所做的。妙就妙在这里。这就是为何反移情具有如此巨大的临床作用。这并不是一件简单的事情。你必须仔细地扒拉各种线索。你必须区分你对患者的反应所告诉你的有关他的心理状态，还要区分有哪些部分传达的只是你自己的心理状态。在这种情况下，我有必要区分遇到一名女患者对我产生情色移情时我通常会有的不适感，还有她的行为带给我的那种无聊感。这种不适感与我面对诱惑时的焦虑有关：这是由我负责的患者，她信任我，并对我产生了强烈的孩子般的感觉，这被称为移情——而另一方面，我既兴奋刺激，也感到害怕，因为我不能做这样的事。而困倦是另一回事，它真的与我本人无关。它是被诱发出的，就像在她父亲和她成年生活中遇到的男人身上诱发出来的一样。我对她的反应就像他们对她的反应，其他人都会对她有这样的反应。"

"这当然是潜意识层面的，而且非常微妙。她的自由联想中看似有最丰富、最深刻的分析材料。实际上，它是空泛的。它浅薄、空洞，而我是因为它缺失了某些部分而感到无聊的，当然了，就是那些流动、多汁、情欲的东西，它存在于一切之中，是生命和趣味的本质，是让我们保持清醒和活力的东西。"

"那你对此是怎么处理的呢？"

"只要有机会，只要它出现在分析材料中，我都会向她指出：她正试图摆脱与我具有性意味的互动。例如，当她走进房间时，她会不瞧我。她会侧身走过，然后蜷缩在沙发上，头转向墙。我把这些都给她指出来。有一次，我碰巧在她进来的时候也走进了大楼，我们一起乘电梯上去。我能看出，离我这么近让她很痛苦。她对此有点恐慌。嗯，我将这些向她摊开，一有机会就提起。我现在已经习惯她的防御策略，也在关注着它。慢慢地，有关她的性生活、与男人的关系，还有她对父亲的态度的整个问题开始浮现出来。她开始记起而不是从行为上表现出她对自己父亲具有报复性的冷淡和性趣全无。当然，我也不再昏昏欲睡了。"

话题又回到了科胡特身上。对这位著名的芝加哥分析师作为分析技术的重要贡献者和误入歧途的理论家，阿龙详细阐述了不同的看法。他说："往往存在这样一些患者，他们即便不被绝大多数分析师，也会被不少分析师认为是很难被治疗的，虽然并非不可能被治疗，现在，大家称他们是自恋症患者。""这些人一直都存在——他们被贴上了不同的标签——分析师面对他们时总是感到不舒服。他们中的一些人会将分析师理想化到非常荒谬的程度，以至于分析师觉得有必要提出抗议：'你看，我并不是那个样子的，我不是你想的那样，我只是一个普通人而已。'他们中的其他人会把分析师看得很肮脏，甚至拒绝承认他是一个人，只是把他当作一个可以倾听的人利用。这些患者会迫使分析师愤怒地表达，'看，你忽略了在这里的某个人。你为什么无视我？'然后，科胡特会说，实际上'不要把这些移情与其他移情区别对待。不要虐待那些把你理想化的患者。不要责备、忽视你的患者。就让这些移情发生。不要通过未成熟的解释来做简单化的处理。如果你了解这些都是患者病态的表现，而不是他们试图破坏分析过程，你就能够更好地忍受被视为非人时的那种愤怒、沮丧以及被理想化的不适了'。这么说是一件好事。我们需要这样的表达。"

"不幸的是，科胡特并没有就此止步。从将普适的精神分析原理应用于自恋移情开始，他还发明了一套完整的'自我心理学'，

第八章 分析师渴望被患者关注

正如他所命名的。在试图对自恋患者的经历以及他们成为现在这样一个人的原因进行解释时,他就对发生在每个人成长过程中的事件及其带来的影响进行了概括,而这些理论在我看来非常可疑。它修改了无须修改的精神分析理论,并引入了粗暴地搞混基本理论的那些假设。假设越多,其具备的解释力量就越微弱。"

"去年,科胡特在《国际期刊》上发表了一篇引起轰动的论文。它被称为《Z先生的两次分析》,其中第一次分析是在科胡特的发现之前,即在科胡特学派还没成形之前,而第二个分析是在他的发现之后进行的。我带着惊讶读完了这本书。第一个分析,他称之为'经典分析',但是却说不过去。第二个分析,即'科胡特流派式'分析,他终于做了我们任何一个'经典分析'学派的分析家都会做的事。他对第一种分析的描述读起来像是关于分析的讽刺漫画,而第二种分析则显得丰富而深刻,微妙而富有同情心,颇具人道主义和人性化。但科胡特派人士却把论文作为基督再次降临的证明。你应该看看在他周围形成的那个小圈子。他们把他所做的那些当作真正的精神分析——他引入了一些激进的、革命性的东西,精神分析将不得不被它同化。这都是阿德勒和荣格的追随者在20世纪20年代说过的话,也是弗朗茨·亚历山大的追随者在20世纪40年代提到的。精神分析一再经历这种浪潮,它平静地让这些洗刷自身,因为,到最后,该消退的都消退了。今天还有谁会谈论弗朗茨·亚历山大(Franz Alexander)呢?除了那些想要放弃他的'矫正性情绪体验'的人们,或者,像科胡特派的人们一直在费尽心力所做的那样,否认他们提供了更多相同的东西?我所尊重的人——是的,像阿洛和布伦纳这样的人是不会有科胡特和他的门徒们那样的言行的。科胡特派拼尽全力地试图不脱离精神分析。他们试图让事情缓和下来。当他们在期刊上写作和在科学会议上发言时,他们尽量不挑衅。但在台面下,你总能感受到革命的狂热,对新的弥赛亚(救世主)的信仰。"

"你见过科胡特吗?"

"我听过他两次演讲,但他很少公开露面。就像一个好的救世主,他让自己远离尘世,远离大众。当他被邀请发言时,他会派他的使者、他真正的门徒出现。我讨厌这一切,我鄙视他的'自体心理学',但我尊重科胡特对分析技术作出的贡献。每当我阅读他的临床案例讨论时,我的治疗技术都会得到提高。这是真的。他对自恋型移情现象的描述帮助了我,使我在它一旦冒头的时候就能识别出来,也让我相对于用其他方式处理得更公平。他提醒我对患者承担的义务,即必须分析性地思考对方的所言所行。"

"那你反对他的什么呢?"

"和我不赞成所有精神分析理论修正主义者的理由一样。这可以归结为同一个问题,即驱力的问题。在华尔道夫举办的美国精神分析协会最近的一次秋季会议上,科胡特短暂而又魅力四射地出席了。他的弟子,来自辛辛那提的保罗·奥恩斯坦(Paul

Ornstein)发表了演讲,提出了科胡特派的主张,大张旗鼓宣传《Z先生的两次分析》,仿佛它等同于《圣经》中呈现的面包和鱼的奇迹。然后,科胡特本人出现了,像上帝那般从天而降。演讲大厅里挤满了忠实的信徒和好奇的人们。包厢、门口和楼梯处人流涌动。最后,这个身材瘦小的白发男子身穿一身不起眼的灰色西装终于现身,讲了40分钟。他没讲太多内容,但是,仅其中一句话就背叛了他所有的主张。'如果不把人当作动物看待会怎样呢?'他在布道结束时挖苦地问道。他的意思是'让我们忘记驱力吧。让我们忘记性是所有人类动机的源泉。让我们忘记我们是讨厌的、兽性的、好斗的、幼稚的。让我们忘记我们的一切已被先天决定。让我们忘记我们只是被驱动的有机体'。弗洛伊德的驱动力假设从未被公众接受,甚至对精神分析圈子里的许多人来说,它都没那么爽口。激进主义者一直有一个削弱精神分析理论的企图,他们想借此使精神分析理论变得不那么严苛,进而减弱对坚信传统、伤怀人之本性观念的人造成损害。这就是我很喜欢布伦纳的原因。布伦纳愿意得出激进的推论,将事情一直推向极端。我相信布伦纳的观点会占上风,因为,尽管它具有明显的严苛和简化倾向,但它比任何修正主义者的视角都包含了更多深刻、复杂和有趣的关于人性的主张。主张'人非动物'其实只是说出了平常人最常说的话。而主张最重要的人性本质恰恰存在于我们最本能、最原始、最幼稚,即动物性的那个部分,这种表达才是具有革命性的。"

第九章
分析师须直面反移情

在接下来的那次会面中,阿龙和我讨论了"可分析性",这是一个被精神分析采用的技术术语,用来表达一个人天生的能(或不能)被分析的概念,它被用来说明这样一个事实,即有些人在被抛进精神分析波涛汹涌的水中时可以游泳,而其他人则不得不被拖到岸上来,呛得又咳又吐的。如果能够在一个人接受分析之前发现"不能被分析"并加以阻止,我们就可以避免许多徒劳的努力、金钱的浪费、失望的痛苦,甚至可以避免悲剧的发生。但迄今为止,还没有设计出用来辨识可分析性的盖革计数器(Geiger counter),这也正是约翰·埃勒(Joan Erle)和丹尼尔·戈德堡(Daniel A. Goldberg)1979年在一篇名为《对可分析

第九章 分析师须直面反移情

性进行评估时遇到的问题》的论文中提到的:"那些起初看起来相对直白的事情却变得越来越复杂了。"

这种复杂性起自斯通(Leo Stone)在 1954 年提到的《扩大精神分析症状范围》一文,他在其中承认,现在接受精神分析治疗的患者比弗洛伊德最初治疗的患者病情更严重了,这就引发了对分析技术进行修改以满足患者的需求。这种新情况提出了至今仍在争论的一些问题:做修改的本质是什么?可以在多大程度上既修改了分析技术还能把咨询师做的这些叫作精神分析?精神分析(无论是否被修改)是否对每个人来说都是最好的治疗方式?关于第三个问题,英国分析师亚当·利门塔尼(Adam Limentani)在 1972 年写道:

> 在精神分析圈子里存在忽视下面这一事实的趋势,就是说,在某些适当的个案中,精神痛苦可以通过各种各样的手段来减轻,心理治疗可用不同的方法得到促进,这在 20 年前,或者,有可能在 10 年前还不存在这些手段和方法。即使我们没注意到来自那些神秘邪教和其他方法的竞争,如触摸疗法、催眠、敏感性训练、存在主义等,现代精神分析咨询师也有责任对个人心理治疗、团体或社区治疗提出积极的建议,并在需要时使其获得积极的再社会化,而不是把这些治疗手段当做退而求其次的治疗干预,虽然它们也曾一度将精神分析排除

在外。

利门塔尼的痛惜态度也是《扩大精神分析症状范围》这篇论文的微妙隐意,斯通也主张将精神分析的福邸从安全的歇斯底里和强迫症状延展到具有更大风险的精神病和"边缘型"患者(用来称呼其情况比普通神经官能症更严重但并未发疯的患者。这个称呼仍然存在着争议)。"在我看来",斯通写道,"精神分析仍然是所有心理治疗工具中最强大的,如同弗洛伊德所说,是'冶铁之火'。"斯通承认,随着心理障碍的外部区域被探索得更为广泛,总体来说,"治疗的困难也在增加,成功的期望也随之减少",但斯通坚持认为"并不存在绝对的治疗障碍","在某些条件下,鉴于其所有内在的困顿,从长远来看,'边缘型'患者可能是比歇斯底里症患者更好的患者"。"事实上",斯通接着说,"将精神分析用于治疗琐碎的、初期的、反应性的疾病,或者是用在人格资源薄弱的人身上,而不用在那些发病时具有当下或潜在的力量的严重慢性疾病患者身上,这是一种更大的错误。"

斯通的提议——鉴于人具有人格复杂性、不可预测性和神秘性,这可能会将"边缘型""精神分裂型"和"歇斯底里型"等症状类别缩减到近乎无意义的地步——已被长达10年的对于"可分析性"的研究结果所证实,这一研究论文由艾勒于1979年发表。该研究是在1967~1969年进行的,当时由治疗中心选择出了 40 名患者，他们接受被督导的候选人的分析。（这些病例是"容易"治疗的神经官能症患者，适合新手分析师处理；阿龙的第一个病例就是其中之一。）在评审委员会看来，只有 42% 的患者被认为是在"参与精神分析的过程"，尽管其中的 60% 被认为从治疗中获益了。这种显而易见很奇怪的区分（即如果患者能从分析中受益，为什么还要怀疑他是否"可分析"呢？）从精神分析的最初始阶段就一直弥漫在精神分析思想中。分析师为了更大的目的做分析，而不是简单地让患者感觉良好，这是精神分析最古老和最坚定的信念之一。分析师可能会在不知不觉中踩到自己的脚趾——分析师可能会让患者感觉太好从而背离了分析——一种在精神分析期刊中被持续地讨论到的危险。下面就是最近（1972）的一个例子，来自布莱恩·伯德的一篇关于移情的论文：

> 分析中出现的最严肃的问题之一，是患者直接从分析师和分析情境中获得了哪些非常实质性的帮助。对于很多患者来说，处于分析情境中的分析师实际上是他见过的最稳定、最理性、最睿智和最善解人意的人，而他们彼此相遇的环境设置实际上可能是他经历过的最诚实、最开放、最直接和最有规律的关系。考虑到所有这些因素，分析情境对患者的总体实际价值很容易巨大化。这种帮助也会带来一个问题：如果一直这么持续下去，就可能会对患者产生一种真实、直接和持续不断的

影响，以致他永远无法足够深地卷入移情情境，从而无法使他解决，甚至去熟悉他最严重的内在困境。从某种意义上说，这个问题就是，分析情境所提供的直接的非分析帮助让他感觉太好了！问题还在于，我们作为分析师显然无法抗拒直接向他提供帮助这种诱惑。

1918年，弗洛伊德已经对伯德所描述的这种帮助有所担心。在一篇名为《精神分析疗法的发展路径》的论文中，他严厉地写道："任何一位全心全意、也许已准备好提供帮助的分析师都想将人类所拥有的一切给予患者，而这其实犯下了与那些为紧张的患者服务的非分析机构所犯的同样的经济错误。"他接着写道：

> 他们（那些非分析机构）唯一的目标就是尽可能让患者感到愉快，这样他就可能感觉良好，并将那里作为躲避生活考验的避难所。这样做的结果是，他们并没有试图给患者更多面对生活的力量，以及更多能完成生活中实际任务的能力。在分析治疗中，所有此类的宠溺都必须避免。在与医生的关系上，患者必须带着很多未实现的愿望离开。当患者表达自己最渴望和最迫切想要的满足感时，分析师精准地加以拒绝，这样做是得当的。

20年后，弗洛伊德在《可终结和不可终结的分析》中引用

第九章　分析师须直面反移情

了他自己的一个"宠溺"案例,就是这个案例促使他迈出了历史性的一步。患者就是那位著名的"狼人",弗洛伊德曾在《狼人:孩童期精神官能症案例的病史》(1918)一书中详细描述过他,那是一位富有且年轻的俄罗斯人,弗洛伊德描述说,"他那时全然无助,由一位私人医生和一位助理陪伴来到维也纳"。弗洛伊德继续写道:

> 经过几年的治疗,他已重获很大的独立性,对生活的兴趣也被唤醒,并且,已经能够调整他与身边最重要的人的关系。但此时,治疗的进程却受到阻碍。我们做不到进一步清除他童年时期的神经官能症,而这恰恰是他后期患病的原因。很明显,患者觉得他目前的境况非常舒服,不希望再向前迈出任何一步了,而如果继续下去是可以更接近针对他的治疗目标的。这是一个受限于治疗本身的案例:正是由于治疗部分地成功了,它才差一点就失败了。

弗洛伊德给了狼人一个最后通牒。他告诉对方,自己会再治疗他一年,但不会再延长下去了。"起初他不相信我,"弗洛伊德写道,"但当他确信我是认真的,想要的改变就开始了。他的阻抗减弱了,在治疗的最后几个月,他所有的记忆能够再现,也能去发现所有这些记忆背后的关联,这对于了解他早期的神经官能症并在当下控制这个症状都是必要的。"

弗洛伊德所做的从被动分析到主动干预的这种转变已被记录在分析实践中，列在了"参数"这个名目下，它被库尔特·艾斯勒（Kurt Eissler）首次使用在1953年的一篇论文中。在这篇论文中，库尔特援引了弗洛伊德的这个案例，提倡在某些特殊情况下谨慎地使用命令、指示和建议以避免治疗陷入僵局。在本质上，参数是指不足为道、几乎可以忽略不计的对分析之中立性的偏离，它们从未在精神分析界引起太大的争议，更没有引起太多的兴趣。它们就像一个棒球运动员在投球前冲出本垒然后立即匆匆返回一样被忽略了。它和桑多尔·费伦齐、亚历山大，后来的英国客体关系学派、现在美国的各种客体关系理论家们离题太远的修正不是一回事。他们后面做的这些修改均基于杂而不同的理论，这些理论涉及患者的痛苦、生病的原因，以及应该采取的帮助措施，并且，这些修改还在继续分化着这个行业。但即便最前卫的立场也隐含着对被称为精神分析的基本经验的信念——相信它对精神痛苦具有独特的功效，可以用痛苦治愈痛苦（比如顺势疗法）。为了对灵魂进行深刻而灼热的工作，应该把分析当作一种考验。（"尽管这听起来很残酷，但我们必须看到，即便分析在一定程度上是有效的，患者的痛苦也不会提前结束，"弗洛伊德在《精神分析疗法的发展路径》中写道。）而这个考验的核心（它是古典精神分析的；而精神分析浪漫的新版本提供的是其他形式的痛苦）是被弗洛伊德称为"移情神经官能症"的人为疾

第九章 分析师须直面反移情

病,它产生自分析本身。其形式是患者对分析师个人的痴迷。正如汉斯·洛瓦尔德(Hans Loewald)在1971年所写,它是"患者的爱情生活——既是他心理发展的基础也是其症结——在一个潜在的新爱情对象那里的重现"。他继续说:

> 对患者来说,体验到这种感觉毫不稀奇——在我还是那个躺在沙发上的患者时我就记得它了——作为一个患者被分析,这种体验是一种退行和令人不安的经历,它与恋爱状态下重新激起的激情和冲突并无区别,从生活应有的常规秩序、情感基调和行为纪律的角度来看,这种感觉就像一种疾病,涵盖一切的美妙和痛苦。

在普鲁斯特的著作《追忆逝水年华》的最后一卷,故事叙述者坐在一个小图书馆里,等着听一场独奏音乐会,此时,他脑海中涌现出关于爱情、艺术、记忆和时间的一波又一波的启示。过去的所有片段突然一下涌来,他从遐想中醒来,准备着手撰写那本吸引读者拿起、随即又不得不放下的魔力之书。普鲁斯特坚信:爱具有令人敬畏的非人格性——它遗世独立于其客体之上——这也正是被分析者在达到了洛瓦尔德所谓的"较高的精神组织"时所获得的信念,这个信念使他能够对分析师的爱和恨降级,直到同质于他过去经历过的所有爱恨情仇,并最终变成一文不值的垃圾,然后,将它们(假如他愿意进一步追究这件痛苦的事情)"归置在"那些早就过去、但从未消失的时光中去,彼时其父母自认所做的一切均用意良好,事实上对他个人甚至对彼此都是灾难性的。普鲁斯特和弗洛伊德学派观点之间的另一个相似之处(除了对潜意识力量的共同信念之外)体现在叙述者最终顿悟的那个情节中。普鲁斯特描述的场景具有精神分析的成分,这借由恩斯特·克里斯1956年撰写的一篇著名论文中的那个"良好的分析时段"反映出来,那篇论文的标题是"关于精神分析之洞察力的某些变迁"。这样的一小时在分析过程中即便出现也属少数,"仿佛提前有所准备……一切似乎都动起来了,材料不断涌来……好像这是不知不觉间准备好了的"。在描述某次这样的分析时,克里斯意味深长地回忆说,此时"患者的情绪、房间里的气氛都很沉重。一种怀疑,甚至自暴自弃的情绪反映出此场景下出现的那种不情愿,而良好的分析时段正是对这些所做的延迟的反思"。同样,普鲁斯特的叙述者在找到通往艺术王国的道路之前,也必须穿过绝望的泥沼。在图书馆中得到光芒四射的启示之前,他已经绝望地意识到:他将不得不放弃成为作家的毕生抱负——也就是说,他其实无话可说!

阿龙向我讲述了他自己过去与可分析性这个难题所作的角力。他谈到了一位早期的分析患者,他们曾一起摸索过,但失败了。"她是我遇到过的少数几个我真心不喜欢的患者之一。我觉得她所做的一切——无论作为妻子、父母、朋友,还是患者——都没有任何值得补救的美德或价值。她的父母在明面上对她很

第九章 分析师须直面反移情

好,但根本上来说却很卑鄙,所以,她长大后成了一个卑鄙的人:残忍、剥削、具破坏性、冷漠、虚伪。她的成长过程中没有任何东西能帮助她成为一个正派人。她不信任任何人,与每个人的关系也都是假惺惺的,甚至与我,她的分析师也如此。我恨她,谴责她。我坐在那里,对她告诉我的事情感到既惊又怒。我记得我曾与一群同事在相互督导时讨论过这个案例,他们也对此感到震惊和愤怒。'嗨',当我告诉他们她对自己的孩子们某个无端的残忍行为时,他们会说:'听着,你得对她说些什么。你不能让她继续对无辜的孩子们这么残忍。'但我没有听他们的。我什么也没对她说。我只尝试进行分析。"

"但她又不能被分析?"

"她无法被分析。就是因为她特别虚假。但我从来不涉及这个,我也从来没挑战过这点,我本应该这样做的,尽管她有可能无法长期地接受治疗。或者,我应该做同事们敦促我做的事:给她建议,在某些事情上称赞她,在她对待其他人的事上大吼大叫,支持她,哺育她。现在,我发现自己越来越多对我的心理治疗患者做这些了。但这几乎算不上是分析——而在早期我非常想做分析。"

"所以你把这种分析方法用在了某些并不适合的人身上?"

"是的。我的自我辩解是——我想我确实感觉应对此有所辩解——我觉得尝试对病得很重的人进行分析是有理论依据的。关于精神分析适用的限制性这个主题已有一套完整的文献。我所遵循的立场是，解释技术可以扩展到边缘症状和自恋障碍患者，甚至可用于精神病患者。这就是阿洛和布伦纳在他们的自我心理学书中所持的立场，而且我知道，有许多分析师能够成功地针对重病患者进行分析工作。但我做起来却一点也不顺利。我针对具有边缘症状和严重自恋特征的患者的临床分析大约持续了5年之久，那是相当糟糕的几年。我经常害怕去办公室，在一天中的大部分时间里我都感觉很紧张，很无聊。然后，随着时间的推移，这些患者逐渐消失，其他整合得更好也更适合分析的患者出现了，现在分析工作不再那么辛苦和让人烦躁了。与深度受创的患者一起工作是痛苦的。当然，一个人是通过先与病得很重的患者一起工作才成为一名精神科医生的，随后才逐渐转向病情较轻的患者。之后，当给一个健康的患者做分析时，它就容易到像切黄油一样了。"

"所以精神分析是给健康的人准备的？"

"它在健康人那里更有效。我在一般医疗实践中看到的也是这样。患者越健康，治疗效果就越好。"

我们谈到了导致患者痛苦的原因。许多分析师认为，今天的分析患者与弗洛伊德遇到并为之设计精神分析体系的患者已非同类人。在1975年发表的一篇名为"当代精神分析客体关系理论及其临床意义"的论文中，莱昂纳德·弗里德曼写道："对于许多分析师来说，古典分析技术所针对的那些并不复杂、情况尚好的歇斯底里症患者乃至强迫症患者已属过往——对于更多的人来说，他们只是读到过的案例了。"阿龙对这种观点持怀疑态度，认为这是受意识形态偏见的影响；他说，这个观点的支持者试图通过主张患者已经变化来证明古典理论和技术的变化的正当性。而他自己的经历告诉他并非如此。"我的第一个患者就是典型的癔症患者，"他说，"这个案例本可以在1900年完成治疗。或者在1100年。"

第十章
精神分析的适用和局限

在将分析病例限制在"健康"的神经官能症状患者类别上，阿龙沿袭了弗洛伊德的传统。罗伯特·瓦尔德在他的《精神分析的基本理论》（1960）一书中，以权威的口吻陈述了精神分析难以撼动的观点：

> 精神分析是无法通过使潜意识意识化教给那些人（精神症状患者）去感受他们从未感受到的和根本无法感受到的内容。

多年前，就精神分析的治疗只限制在神经官能症和相关病症的范围内，弗洛伊德是这样说的："分析疗法的

第十章 精神分析的适用和局限

可应用领域是移情神经官能症、恐惧症、歇斯底里症、强迫症，以及后期发展出来替代这些疾病的性格异常。对除此之外的病症，例如自恋和精神疾病，多少就不太合适了。"假如在1/4世纪后的现在，在我们审查这些情况后还是得不出不同的答案，那是因为这样一个事实的存在，即精神分析的这些限制并非来自知识不足，这种限制有可能会随着知识的扩展而增加，有所限制的原因是，精神分析过程的本质使其成了适合神经官能症但不适合其他疾病的对症之药。

然而，在20世纪20年代，这种关于精神分析的局限性观点就受到弗洛伊德的同事、前患者兼好朋友桑多尔·费伦齐的质疑，他是那种如果用钥匙开不了门就会一脚把门踹开的人。1931年，费伦齐在一篇题为《关于成人分析中的儿童分析》的论文中写道："我对深度心理学的功效抱有一种狂热的信念，这使我将偶尔的失败不归咎在患者的'无法治愈'上，而是归咎于我们自己缺乏技能——就是这一假设引导我在已证明无法成功应对的困难案例中尝试改变通用的技术。"此外，他还说：

> 因此，只有在面对最顽固的案例时，我才极不情愿地选择放弃，因此，我已经成为处理特别困难的案例的专家，且在很多年里一直坚持着这样的工作。我拒绝

接受类似论断：患者的阻抗不可战胜，或者，他的自恋阻止了我们作进一步的深入了解，抑或对所谓案例"脱落"的纯粹宿命予以默认。我告诉自己：只要患者继续来，最后一线希望就不会失去。

费伦齐对案例作了区分（尽管不像后来的作者所做的那样清晰），一类是最初由于分析师陷入了虚伪、残忍、不诚实、麻木不仁的陷阱之一——这些陷阱永远在那里等待着粗心的分析从业者——而失败的案例，还有一类是患者因陷入某种积疴深重的疾病痛苦且难以应对普通的分析疗法而失败的案例。费伦齐认为，这些案例都要求对分析进行修改，要朝着松动、减少挫折感及剥夺感的方向进行。在《不受欢迎的孩子及其死亡本能》（1929）中，费伦齐描述了"对生命的渴望减弱"的案例，他建议"用安娜·弗洛伊德认为必要的'预处理'的方式去处理这些真实孩子的案例"。他补充说："通过这种放任，患者第一次被正确地允许——恰当地说——去享受童年时的不负责任，这相当于为他随后的生存引入了积极的生活冲动和动机。此后，分析师才能继续对被剥夺的需要做谨慎的处理，而这正是精神分析的通用特征。"在《放松与新宣泄的原理》（*The Principle of Relaxation and Neocatharsis*, 1929）一文中，费伦齐写道，有些患者"实际上几乎完全处于儿童水平，通常的分析治疗方法对他们来说是不够的"，他还说："这些神经官能症患者的真正需要是被收养，让他

第十章　精神分析的适用和局限

们在生活中第一次享受到正常托儿所的优势。"在生命的最后几年，费伦齐尝试为他的某些重病患者提供这种托儿所式护理，温尼科特在20世纪50年代将其称为"退行管理"。费伦齐的同胞和追随者巴林特在他的书《基本缺陷》(*The Basic Fault*，1968)中回忆了费伦齐做的某项这种"宏大实验"，其中"患者从他那里能得到她自己所要求的每天进行几次治疗的时间，如果有必要的话，也可以进行晚上分析会谈"。巴林特进一步报告说："由于患者不愿意休息，所以她在周末也会被分析师接待，并被允许在分析师度假期间相随。这些细节仅是体现真实情况的一个尚不算不过分的样本。这个实验持续了好几年。就在费伦齐去世前几周，当他因病不得不放弃分析工作时，实验结果仍然无法定论。"

弗洛伊德则对其朋友的治疗热情采取越来越模糊的观点，1933年，在他为费伦齐撰写的深情但克制的讣告中，他对可怜的费伦齐偏离常规分析的行为悲伤地摇了摇头："我们的朋友慢慢地远离了我们……我们所知的是，只有一个问题主宰了他的兴趣。对他，治愈和帮助的需要成了至关重要之事。他可能已经为自己设定了目标，而以我们的治疗手段今天还完全无法实现它。他从不竭的情感泉水中得到了这样一个深切的信念：如果给予患者在孩提时代渴望得到的足够的爱，那么，分析师带给他们的影响会大得多。他想了解这如何在精神分析的情境下实现；也许因为这段时间内这点没能让他如愿，他就不再确定是否要与朋友们步调一致了。"

正如费伦齐关于分析中的虚伪、不诚实等的洞见对分析治疗的未来行为产生了深远的影响（它导致了"治疗联盟"和"非移情关系"等概念的出现，并一直到斯通在这个主题上的巅峰之作）一样，他对严重精神错乱的患者的"幼稚化"直觉也对精神分析理论产生了重大影响。对于那些被其他分析师绝望地举手投降的患者，在费伦齐热情、坚持、早期的帮助尝试中，则埋藏着所有治疗"分裂型""自恋型"和"边缘型"障碍的现代精神分析理论的种子。尽管这些理论采用不同的术语、知识风格和治疗氛围（并且在不同程度上带有阿龙所说的"克莱因异端"的色彩），但每一种理论都围绕着一个核心且相当简单的概念：严重的心理疾病是一个人的心灵对婴儿期创伤的反应。温尼科特设想了一个"假自体"，它是婴儿在绝望的防御中发展起来以抵御母亲照顾不足带来的创伤的。分析的任务是还给患者一个"真自体"，它虽能够感觉但却因畏缩在"假自体"背后而无力呈现。在安全可靠的气氛中——温尼科特式分析的"抱持性环境"——"假自体"最终"交给分析师"，而"真自体"得以破茧而出。在巴林特的概念里，分析工作可以在两个心理层面上进行：俄狄浦斯时期的语言层面和"基本缺陷"时期的前语言层面。通常的神经官能症患者，因其病理学源于俄狄浦斯时期，能够把分析师的解释接受为解释并理解其意义，因为他正在重温他能说话和理解的时期所发生的事件；而病态源于基本缺陷期的患者不明白分析师在说什么，因为他正在重新经历那段更早且原始的非语言时期。巴林特将治疗失败归咎于分析师无法"击中"患者的无声需求，因为，此时这些患者的水平已经降低到基本缺陷期，因此，解释对他们毫无意义。巴林特还进一步区分了两种类型的退行：一种是令人讨厌的"恶性"退行，俄狄浦斯冲突水平的神经官能症患者容易出现这种情况，它在不断上升的需求中寻求"对本能渴望的满足"，但会被分析师适当地加以忽略；另一种是基本缺陷期患者的"良性"退行，患者谦卑地满足于分析师最微小的反应——后者在倾听它哀伤的原始呼唤上做得很好。在令人惊叹且难以阅读的《自体的分析》（1971）和《自体的重建》（1977）中，科胡特提供了与此基本相同的程序。他将自己擅长的自恋型心理疾病归因于"自我的原始缺陷"，这是由于患者有一位"冷漠"的母亲（在90%的情况下也是"肤浅的""不可预测的""奇怪的"或"潜在精神病性的"）。这些母亲们那些不值得羡慕的后代从未经历过"与自体客体的成熟心理组织的共情融合"，这种融合能使她们忍受对自体客体的"理想化（非创伤性的，与阶段相适应的）失败，在正常情况下，经历过这种融合后他们就可以通过转化和内化来重新建构自体客体"。与温尼科特所说的那些"假自体"患者一样，这些患者在其受损的内在核心周围形成了一种劣质的盔甲（"防御性"或"补偿性"人格）。在分析过程中，"古老自体"的愤怒和绝望被重新激活，如果分析师以适当的"共情共鸣"作回应，他们的恐惧就会被化解：婴儿的悲伤就会变成成年人的"快乐的自我实现"。对于科胡特来说，和温尼科特与巴林特的观点一样，在严重病理学的治疗中俄狄浦斯情结无关紧要。正统的弗洛伊德派所见皆是性，而科胡特派所见皆是缺乏同情心的母亲，即便在性方面也如此。在《自体的重建》中，科胡特怀着相当的自豪感引用了某个重要的解释，这是他给一位先经某位正统的、着眼于性驱力的弗洛伊德分析家分析，然后又来找他的女患者所做的解释："我说，我认为她站着小便的梦、她希望看到父亲的阴茎，这些其实与性无关，而是与她的需要有关——与前几节中出现的其他记忆类似——都是她想摆脱自己与那位怪异且情感浅薄的母亲的关系，从而转向在情感上对她有更多回应和脚踏实地的父亲。"从另一个角度——通过婴儿观察——出现了玛格丽特·马勒关于"分离—个体化过程"的理论，当每个婴儿在从共生状态协商"心理性出生"时都会经历这个阶段和其亚阶段。马勒的发现（对某些人来说仅仅是"发现"）被应用于成人分析；成人生活的严重障碍被追溯到婴儿发育期经历的"分化""练习"或"和解"等亚阶段的障碍。

这些新学派中的每一个成员都有某种对正统分析的恐惧。在展示分析前和分析后情况的整个博物馆中，科胡特的《Z先生的两次分析》仅是其中的一个展品，在这个案例中，一个被"僵化"的经典分析师愚蠢的死记硬背方法所害的患者，后来被一个新学派的分析师拯救，因为后者明智地践行了对新理论和新技术的理解。（此博物馆也从精神分析话语的世界向外延伸，直抵日常话术的世界：人们纷纷谈论要抛弃"冷漠的""反应迟钝的""漠不关心的"分析师,去找"热情的""哺育的""抱持的"分析师。)最近,对前后分析流派的对比有所贡献的另一个人,是马勒派分析家塞尔玛·克莱默(Selma Kramer),她尖锐地比较了(在一篇题为"马勒之分离—个体化理论的技术意义和应用"的论文中)她碰巧督导过的、对同一案例均做过分析的两位分析师的情况。第一位分析师是正统界的重磅人物,"不接受早期发展的理论,对我提出的必须认识到前俄狄浦斯时期影响的建议加以反对,对任何反移情的披露都感到不安,也无法在督导中向我学习",因此,自然而然地,他"无法让患者参与到分析中来"。患者退出了分析并立即幸运地找到了第二位分析师,这是"一位直觉更好的年轻人,面对反移情更为自在,能够容忍和理解患者那些不成熟的、退行的需要",当然,他也"能够使用分离—个体化理论作为分析患者前俄狄浦斯期冲突的框架"。在他后期的著作中,温尼科特毫不含糊地谴责自己在弄清事情之前对患者造成的伤害。"想到曾有多少这样的事情发生,即仅出于我个人解释的需要而阻止或延迟了某种症状类别的患者发生深刻的变化,这让我感到极为震惊。"科胡特在他的著作《游戏与现实》(1971)中写道,该书是向那些"付费给我让我学习的患者"致敬的。他补充说,"如果我们能耐心等待,患者就能带着极大的快乐创造性地理解治疗,现在,我能更多地享受这种快乐了,虽然之前我觉得自己既聪明又快乐"。

当阿龙告诉我他也有治疗失败的虚伪型(或虚假)患者时,

精神分析：一项极具挑战性的职业

我立刻想到了温尼科特的"假自体"的诊断，我问他，就这个案例来说，这个概念对他是否没多大用处。但阿龙只是烦躁地说："毫无疑问，我处理得很糟糕。"他也对我所描述的温尼科特程序感到不耐烦。他似乎满足于让自己的案例处于难以理解和混乱的状态。后来，王尔德的著作《精神分析的基本理论》中的另一个段落帮助我理解并"放下"了对阿龙即便在治疗失败的情况下仍对经典分析技术替代方案持保留态度的好奇。王尔德写道：

> 情况是，就因为"经典分析"治疗情景具有多种版本，这常常使得对患者做更多了解变得愈加困难起来。无论其治疗优点是什么，它们在科学层面上都是无效的。因此，"正统"分析家和"自由派"分析家之间的真正区别并非在于前者固守传统而后者乐于创新，而是"自由派"似乎假设所有问题都已经从根本上解决了，因此，一个案例的结构，至少从其大致轮廓上看是可以在相对较短的时间内被理解的，其余要做的只有对已经被正确理解的状况施加影响这一任务了；而"正统"分析师则将一个新案例视为一个新谜团，它只会非常缓慢地、几乎不会全然地揭示其秘密。简而言之，"正统"分析师更加敬畏潜意识。可以说，他在锡安（新王国）不太自在……

第十章 精神分析的适用和局限

王尔德持有的是精神分析的矛盾性观点，这也是弗洛伊德在其初步发现后终生采用并坚持的观点，而这也是费伦齐第一个站出来挑战的观点，即精神分析减轻人类痛苦的能力取决于它是否严格按照科学实验进行；分析师越少试图帮助患者，他就越有可能帮助到他。在1948年举行的治疗结果研讨会上，菲利斯·格林亚克重申了这个悖论：

> 弗洛伊德强调他自己对真相的兴趣——在他的案例中，他最初对患者作为"活的病理学"的兴趣——是对患者最大的治疗保障……以下这点看来简单、真实，却也难以捉摸，即研究者要达到的目标是其科学工作的真实本质，他在某些情况下可能会走不必要的探索弯路，但总的来说，他会对科学和患者作出最大的贡献。

这种立场一再受到分析师们的挑战，他们认为自己首先是治疗师，其次才是科学家；自20世纪20年代以来，在精神分析应该将患者还是科学放在第一位的问题上，人们一直存在分歧。这个问题现在仍然存在：那些心软的自由主义者，也是费伦齐治疗传统的继承者们，实际上为实现其治愈的愿望在他们关起的诊室里都做了什么呢？随着他们的理论变得更加详尽，他们的亲吻是否也变得更加热情、对患者突发奇想的放纵也变得更大尺度了呢？看起来，弗洛伊德似乎大大高估了费伦齐父亲式拥抱带来的不道德后果。在自由主义者的著作中，人们不仅找不到不道德的证据，而且，与正统分析家所做的相比，也几乎看不到他们在分析时段中的所为有什么显著的不同。在整部有 312 页之厚的《自体的重建》中，科胡特提供了一个偏离正统分析实践的例子，它其实也平淡无奇：他说，在某些情况下，他认为先回答患者的问题然后再分析它可能会更好。在《基本缺陷》一书中，巴林特在他的分析论文中提供了更多有关一名女患者从沙发上站起来翻筋斗的记录，其时，这位患者一直在谈论实现这一壮举的毕生愿望，而他受到启发说："为啥不现在就做呢？"这事对其分析产生了重大（有利）的影响。在一篇名为《R——分析师对患者需求的全面反应》的论文中，英国分析师玛格丽特·利特尔（Margaret Little）报告说，当她告诉一个让她厌烦的患者说她很烦人时，停滞的分析出现了突破。当患者继续讲述她令人厌烦的故事时，玛格丽特·利特尔所做的只是坚持让她停下来。M. 可汗在他的著作《自体的隐私》（*The Privacy of the Self*, 1959）中引用了许多案例，他所称的"身体活力"或"身体注意力"让患者在深度退行状态中得以继续接受分析。某个案例中，一个 18 岁的男性患者几个月都不说话，于是可汗在他身后传达其"身体活力"的状况，即偶尔表达他对男孩身体的沉默程度的感觉。最终，可汗通过重建男孩与他那位抑郁的母亲的创伤性早期经历的反移情（男孩通过沉默的抽离让可汗他感受到了那位母亲对他的方式）打破了这种沉默，从而将分析推进到一个新的阶段。

科胡特经常自我满足地暗示说，他实际上不会对患者令人厌恶的性行为作道德上的评判，或者对他们令人不快的性格加以指责，这些都受到了正统分析师的挑战，他们指出这几乎算不上是"自体心理学"的创新，而是一个经过实践考验的保持分析中立的惯例：没有一个好的分析师会道德化或指责他的患者。相反，科胡特将非科胡特流派的分析师有时在自恋患者身上取得的令人好奇的成功归因于分析师不经意表现出的亲切和"共情"。看来，理论观点上的巨大差异将当代精神分析划分成了截然不同的流派和阵营，但这似乎很少触及精神分析本身，尽管有翻筋斗的事发生，但所有相关人员仍在继续进行着分析，就像弗洛伊德在20世纪初主张的那样。如果情况是这样的话——如果温尼科特、巴林特、科胡特、可汗、马勒、斯通、布伦纳和阿龙都在做同样的事情——那些巨大的理论差异的意义和目的是什么？一个患者去科胡特派分析师那里，或马勒派分析师那里，再或者找布伦纳流派的分析师，这有什么区别吗？

在他的论文《精神分析设置中退行的元心理学及临床的视角》中，温尼科特就这一令人费解的情况提供了一种观点，该观点在解开这个困惑方面取得了很大进展。在主张将分析疗法（弗洛伊德为自我完整的神经官能症患者设计的）扩展到"不完整"的精神病患者时，温尼科特为分析技术和情景提供了一个简单而出色的区别。分析技术（在此区分下）涉及分析师对患者在分析时间内所说和所做的事情的理解和解释，并且，是分析师了解到的一些东西。相比之下，实施这项工作的分析环境是分析师需要遵守的。温尼科特详细列举出这一独特环境的显著特征如下：

1. 每天在规定的时间，每周 5~6 次，是弗洛伊德为患者服务的时间（这个时间安排既要方便分析师，也要方便患者）。

2. 分析师必须可靠、准时、活着、呼吸。

3. 在预先安排好的时间长度内（大约 1 小时），分析师要保持清醒并关注患者。

4. 分析师以对患者积极主动的兴趣表达爱，通过准时开始、准时结束以及收取费用表达恨。爱恨交加都将如实表达；也就是说，分析师不否认这些。

5. 分析的目的是触及患者的成长过程，理解所呈现的材料，并用语言传达这种理解。阻抗意味着患者面临的痛苦，可以通过解释来减轻。

6. 分析师采用的方法是一种客观的观察。

7. 这项工作要在一个房间里完成，而不是在一个通道里。它须是一个安静的房间，不会出现突然的、不可预知的声音，但也不死寂，不屏蔽普通房间应有的噪声。房间的照明要适度，光线不能直照在脸上，也不能是可变光。房间不能太黑，温度让人感到舒适温暖。患者可以躺在沙发上，也就是说，如果能舒适的话尽可能舒适，可以铺地毯，备有水。

8. 分析师（众所周知）要将道德判断排除在分析关系之外；不把分析师的个人生活和想法的细节介入分析；分析师不能有在

第十章 精神分析的适用和局限

某个迫害系统中偏袒任何一方的意愿,即使这些情景是患者和分析师均真实共享的、当地的、政治方面的等。当然,假如有战争或地震,或者国王去世,分析师也要知道。

9. 在分析情境下,分析师要比日常生活中的人们更为可靠;总体上更守时、不发脾气、不强迫谈恋爱等。

10. 在分析中要能区分事实和幻想,这样分析师就不会受到某个攻击性的梦境的伤害。

11. 咨询师不可以对患者有以牙还牙式的报复反应。

12. 分析师在分析中幸存下来。

除了对分析师个人理想化的这种表达感到迷惑之外(正如温尼科特随意总结的那样,"这所有的一切均指分析师要呈现自己这一事实"),我们还应该注意列表中的争论性目的:它是想指出分析环境与婴幼儿期环境具有相似之处——"所有要分析师注意的这些事情与做父母面临的日常任务,尤其是母亲带着婴儿的日常任务,是非常相似的……"换句话说,是精神分析本身,而不是分析师,诱导了患者的退行;不同流派的分析师之间的显著差异并不在于他们做什么或不做什么(他们是否表达喜爱,是先回答问题还是先做解释等),而在于分析师在这种极具暗示性的环境下如何看待和解释患者的所言所行。例如,分析师是将患者不变的沉默视为对阉割焦虑的"退行性防御",还是将其视为婴儿期创伤的重演,这将对患者产生巨大的影响。当患者深陷某种奇怪的、孩子般的依赖和功能受阻的状态,分析师是把它视为一种隐藏在患者自体深处却一直期待它冒头的迹象的初步显露，还是觉得事情正在失控从而带给了人一种令人难受的感觉，以致咨询师必须最好尽快作出一个有关退行的正确解释，以上这些都将再次变得非常重要。对今天的心理治疗师来说，精神分析仍然是严格意义上的谈话疗法。即便是最前卫的理论家也会自我控制，仅仅告诉患者他所认为的真实情况，而不是试图操纵对方或对他们采取行动。但是，在今天的分析咨询室里，许多版本的真相在以各种各样的语言和情感姿态呈现给患者，而对其分析师究竟支持哪种自己从未听闻的观点、分析师的理论立场与自己有否关联，患者其实一无所知。

第十一章
分析师从移情中存活下来

在某个星期三,阿龙和我谈到了契诃夫的小说《带小狗的女人》,书中的主人公古罗夫是一个愤世嫉俗的好色之徒,娶了一个他内心厌恶的女人,且蔑视所有女人,然而,某次在雅尔塔度暑假期间,他又与一个漂亮、天真、婚姻不幸的年轻女人发生了婚外情。度假结束,古罗夫在火车站送别这个女人,和她说再见,然后永远不见,带着这种打算,他回到了莫斯科。他重新回归无趣的工作和挥霍的生活,但渐渐地,他惊讶地发现,和曾经与他逗乐过的其他女人不同,这个女人并没有消失于记忆中,相反,却变成了一个越来越强烈、生动的形象。他无法将她从脑海中抹去,终于,在12月,他坐上火车,到她与那位懦弱的丈夫一起生活的外省小镇寻找她。他找到了这个女人，得知她也一直渴望着自己。几个月后，小说的故事结束在莫斯科的一个旅馆房间里，就是在这里，她每隔数月就和他偷会一次，对她丈夫说她正在见一位特别的医生。在去旅馆的路上，古罗夫反思了他所过的双重生活，并思考了这样一个悖论：

一切重要、有趣、必不可少、他真诚对待的事情，构成他生命精华的事情，都在秘密地进行，而一切欺瞒、外在、他藏匿自身以掩盖真相的事情，比如他在银行的工作、他在俱乐部参与的讨论、他对低等种群的想法、他与妻子一起参加的周年纪念活动，都发生于众目睽睽之下。

在酒店房间里暗淡的灯光下与她温柔交合之时，古罗夫在镜子里瞥见了自己。他意识到"直到现在，自己的头发已经花白，他才真正地、认真地坠入了爱河——而这竟是他生命中的第一次"。随后，是这段令人难忘的段落：

> 他和安娜·谢尔盖耶夫娜彼此相爱，就像相亲相爱的两个人，就像夫妻或亲密的朋友一样彼此爱着；不由自主地，他们感觉到，命运本身早就注定了彼此要为对方而存在，所以他们无法理解为什么他应该有一个妻子，而她还应该有一个丈夫；他们就像两只迁徙的鸟，一雌一雄，被人捉住，强迫生活在不同的笼子里。他们已经原谅了彼此经历过的耻辱之事，也原谅了对方现在

第十一章 分析师从移情中存活下来

的一切,他们都觉得被这份爱所改变。

阿龙一直在和我在谈论案例报告和文学作品之间的区别,我谈到契诃夫的故事,说它描绘了案例报告中不允许讲述的东西——人们可以对彼此产生深远的影响,两个人的相遇可以对他们的生活产生重大影响。"不过,也许文学作品说谎了,"我补充道。

"也许文学作品并没有说谎,"阿龙说,"它可能在生活中发生,就像故事中所发生的。但临床医生必须问自己:'是这个人真的改变了,还是他只是找到了一个解决问题的稍微不同的方案?'也就是说,只有当爱在这样的条件下发生:短暂、间断、充满欺骗、在婚姻之外,它才是一种治疗神经官能症状的办法。你看,他的婚姻是合法的、台面上的、持续的,而他的爱是隐秘的、非法的、偶然的、不能公之于众的,也是不能分享的。"

我不得不同意。"但是请告诉我,读到这个故事时你被它感动了吗?"

"是的,我被它感动了。当一个患者很好地向我讲述他的故事时,我也会被他的故事感动的。契诃夫所写并不罕见。分析文献充斥着案例的道德自虐史——案例中的男人(或女人)无法与任何令人满意的女性(或男性)建立关系,于是付诸行动与已婚人士交往,偶尔会面,对生活持续地不满意。这本质上就是契诃夫笔下的主人公故事。这么说吧,它一点也不有趣,当然也不动人。但契诃夫更深入地剖析了他笔下的英雄。他讲述了这个奇怪、独特、只此一家的故事,因此它才变得有趣而感人。故事中有一个重要的细节。在雅尔塔,在他们第一次做爱之后,女人为自己的失德而羞愧地哭泣,男人则坐在桌旁,无动于衷地给自己切了一片西瓜吃下去。这是一个绝对独特、不出格且带有隐喻的完美动作。这在患者那里也是如此:他们的故事充满了如此丰富的细节,仿佛出自一位有天赋的作家的创作。当你在精神分析中听到人们各不相同的故事,他们就不再是固着和发展停滞的案例了,他们就是真正的人。精神分析首先吸引我的是它的力量和优雅,是的,甚至是其理论的还原论[*]。但是,做分析的时间越长,我就越不能去做简单的概括,我对人类个体经验的特质印象就越深——哪怕是对我自己的经历!我过去常常对自己进行各种防御性的概括。我花了很长时间才真正发现自己是一个特别有趣的人。"我们对此都笑了,阿龙补充道:"顺便说一句,弗洛伊德说的正好相反。他曾说,他发现自己随着年龄的增长不那么有趣了。在给荣格的一封信中,他说:'人会一点一点地学着放弃自己的个性的。'"

我们谈到了古典移情神经官能症。阿龙说:"看到它发生——看到患者的情感生活开始围绕着分析师这个人进行——总会让我感到惊讶。因为,唯一发生的事是患者每周来四五次,躺在沙发

---

[*] 还原论认为复杂的行为和现象可以通过将它们"还原"成小而简单的部分来更好地解释,目标是理解我们周围的世界,而不是简单地迷失在其细节中。——译者注

第十一章 分析师从移情中存活下来

上说出他想到的任何事情,然后,他在月底收到付费账单而已。"

"这让你心烦意乱吗?"

"以前,当我经验不足、不明白移情的全部含义时是这样的。它之所以让我很不安,是因为我把它个人化了。现在我仍然把它个人化,但我不再那么强烈地感受到传统道德义务的约束了——那是一种迎合患者对爱的需求的义务。弗洛伊德说得非常好。他说:人是被这样建构的,即当一个人看到另一个人对自己表现出本能的态度和强烈的情感时,自然会倾向于加以迎合,并采取回应的态度。爱滋生爱。同样,仇恨、好斗、怨恨、嫉妒、竞争——当它们在分析中出现时——也会引起相应的敌对情绪。"

"有没有患者接受不了自己对分析师的爱或恨其实是在重现过去的经历这一点?"

"绝大多数患者都接受不了。"

"但你最后必须说服他们——正如弗洛伊德所写的关于移情之爱的案例——他们并非真的爱上你了,他们的爱其实是一种幻觉。"

"这已成为应对该主题的传统智慧了。这种防御策略被许多分析师采用,尤其当他们突然发现自己陷入了患者本能的情感领域、同时感到移情的全部影响正如冰雹那样一股脑砸向自己时。但我对此并不同意。不,你不要说服患者她爱的不是你。弗洛伊德写那句话的时候不在状态。她爱的就是你。除此之外还能有谁?并无他人和她共处一室。问题不是这个。这点甚至不值得争议。分析师只有一件事要对爱上他的患者说——无论以哪种方式——那就是'请告诉我更多关于它的信息，请说出你想到的任何东西。让我们更深入地研究它。让我们了解你爱的本质'。现在，患者可能不听分析师的了。她可能被自己的感觉压得喘不过气来，只专注于以性的方式完结她的爱，以至于她不愿意或无法检视她的爱。这种情况发生时，分析师就会遇到麻烦——不是因为分析师被推到了妥协的位置，而是因为患者不再关注她的联想。治疗已经停止。外科医生无法手持手术刀继续治疗了。"

"但分析师不是比外科医生处于更困难、更两难的处境吗，因为他交割的是一个人整个生命中的情感和激情，而不仅仅是在分析中所呈现的那些？挚爱和仇恨并不是分析时段中所独有的东西。"

"呼吸也不是，血液循环也不是，消化也不是，这些都不是手术室所独有的。但在手术室里发生的一件事在其他地方都不存在，那就是手术本身。同样，在分析室里发生的一件事也不存在于其他任何地方，那就是分析本身。如果某位分析师之外的人过来对我说'我绝望地爱着你'，而我的回答是'你想到了什么？'——这样说就太可怕了！太可怕了！但是，当一个患者进来说'我绝望地爱着你'时，我回应说'对此你想到了什么呢？'——这绝对是合适的。"

"但是，如果患者觉得这种情况很可怕怎么办？"

"她就会中止分析。有些患者无法忍受这种困扰——它会引起太多痛苦或太多愤怒——分析就会中断。森林大火会失控；煤气总阀也会爆炸；建筑物会倒塌；战争会爆发；有些疾病会杀人；有时，常规药物也会导致患者死亡。在精神分析中，也会有分析师无法在性爱移情中存活下来。"

第十二章
分析师与患者的分离

阿龙和我决定在 8 月初"终止"我们的谈话,这是传统的休假时间,也是分析结束的时间。当精神分析从最初简短而具体的症状消除疗法转变为扩展了的、模糊的人格改变的过程,分析师面临着一个前所未有的问题,即怎么知道分析该在何时结束呢?自此以后,在尝试确立终止的标准上,大家只达成了最广泛的普遍性共识("患者已经能够爱和工作")和最模糊的直觉("感觉此时结束是正确的")。显然,没有哪位分析师确切地知道何时该确定终止日期。然而,随着时间的推进,对于哪些因素构成了分析时长之恰当性的共识逐渐增加。在 20 世纪 20 年代,分析 1~2 年就足够了;到了 20 世纪三四十年代,2~4 年成为常态;至于

第十二章 分析师与患者的分离

20世纪五六十年代，则是4~6年；20世纪80年代，则长达6~8年。当接近设定的时间长度时，分析师很容易开始考虑终止分析。那些正式终止的案例，即由分析师和患者一致同意而结束的案例，相对来说是少的。大多数分析案例的结束要么是因为患者搬了住处，要么是无钱可付，或者，在冲动之下退出了分析，也有些人同意分析师的意见即分析已到僵局从而停止了分析。即便最有经验和最成功的分析师都会遇到陷入冲突的、过早结束的或者不确定情况的案例，其数量与正常结束的案例一样多。

如果一个案例确实越过了分析过程中的所有危险，进入了"终止阶段"的（并不总是平静的）港湾——这指的是从设定结束时间到它最终结束之间的几周或几个月——分析师会面临另一个决定：他是应该将这一阶段与分析的任何其他阶段一视同仁，从而一如既往地践行分析呢？还是说，针对斯通在《精神分析情境》中所说"建立起独特而亲密的人际关系之后的分离会给患者带来深远影响"，他应该做些技术上的改变来反映他的灵活性呢？为帮助患者"从拥有另一个人深入的、习惯性的、非常独特的参与，努力转变到没有了这种联系的生活"，斯通建议：将终止阶段的分析作为断奶期来操作，减少双方会面的频率，让患者坐起来面对分析师，即缓和移情和反移情，这样，"两个参与者都能获得对对方相对整合了的、现实的看法"。相反，古典精神分析则坚持"将分析过程一直进行到最后一刻"，正如英国分析师爱德华·格洛弗在《精神分析的技术》中所写，该书于1928年首次出版并于 1955 年做了修订。在书中，格洛弗继续严厉地说道，"我们在第一节分析中制定了自由联想的规则，它应该到最后一节分析的最后一分钟都有效"。

然而，无论分析师选择哪种方法来进行最后几个月、几周和最后时段的分析，大家的共识是，终止的主题是一个有点无理取闹的主题。而矛盾的是，随着分析师的临床发现变得更加精确、精炼，此精神分析领域却变得愈加模糊和困难重重。因为，随着分析时间变长，结束分析的必要性对患者来说就变得越来越难以接受。正如格洛弗用他干巴巴的英文表达方式所描述的：

> 如果一个女人需要 3 个星期才能从下巴上长痘中恢复过来，或者，一个男人需要 3 个星期才能从剃掉胡须中恢复；如果一个正常的、有复原力的人从所爱对象的死亡事件中恢复需要 2 年或更长的时间，而从被抛弃中恢复需要 5 年以上的时间，那么，期望患者从与分析师的婴儿移情情境中分离出来的过程需要一段时间并非不合理，因为，他已在这个关系中逗留了好几个月，好的情况下是 2 年，有时是 4 年甚至更长……

在一篇题为《论分析的终止》（1950）的论文中，分析师安妮·赖希（Annie Reich）直言不讳地说：

第十二章 分析师与患者的分离

即使移情已被很好地分析过,其重要的婴儿期性欲元素已经被克服;甚至在神经官能症症状已经停止之后,患者与分析师的关系仍然算不上完全成熟的关系。我们必须认识到,移情并没有完全解决。对患者来说,分析师仍然是一个相当重要的人,仍然是其幻想所期望的对象。在我分析过的几乎所有案例中,都有想被分析师所爱、相互保持联系、建立友谊的愿望……分析师仍被视为拥有特殊力量、智力和智慧的人。总而言之,在某种程度上,他仍被视为拥有孩子赋予父母的全部能力的人。

赖希引用了一位患者的话,这是一位正在接受分析培训的候选人,此人告诉她在之前的分析结束后他的悲伤和凄凉:

> 我觉得自己好像突然被遗弃在了这个世界上。这很像我在母亲去世后的那种感觉。我努力寻找可爱之人、感兴趣之事。几个月来我一直渴望着分析师,希望能告诉他在我身上发生了什么。然后,慢慢地,没有注意到是怎么回事,我忘记了他。大约两年后,我碰巧在一个聚会上遇到了他,我想,他只是一个和蔼可亲的老绅士罢了,一点儿都不有趣。

精神分析：一项极具挑战性的职业

对于许多患者来说，治疗的终止是一种医源性疾病，唯一的治疗方法是交给时间。当赖希的患者终于不再为他的分析师而悲伤，大多数患者最终也会从失去一个重要的心爱（或者，在某些情况下，所恨）之人中恢复过来。（关于后一种可能性，一名来自西海岸的男子在这里告诉他的第二位分析师说，自己对终止第一次分析的反应出人意料的严重，即他非常不喜欢第一位分析师。中间他曾愉快地溜掉，和他的妻子一起去沙漠露营了，但在第一天，他就被宇宙深刻而毁灭性的孤独感所震撼，以至于他不得不放弃露营回到城市。这位分析师就是一个严厉、奇怪、苦行僧般的人，每年只允许自己和患者休一周假。）

分析师本人都是在对终止分析很茫然的情况下工作的，所以不大可能了解终止的严格性。正如英国分析师马里恩·米尔纳（Marion Milner）所说："作为分析师，我们可能无法完全了解终止分析的那种感觉，因为，仅仅就成为分析师这一事实来说，我们已成功地绕过了患者必须经历的那些。我们选择将自我与分析师的职业认同，并在分析工作中践行这种认同。"如果终止带来的完整体验是一种必须经历的生存仪式——如必须在沙漠中逗留就是对成年的不确定性和死亡的必然性所做的最终的社会性接纳——那么，分析师永远没有长大，也永不必死亡。那些在严肃和终极的事情上去指导他人的人自己仍然是彼得潘，在分析实践和机构政治的乌托邦世界中无限期地避免了成年和灭绝。难怪关于分析终止的文献模糊、缺乏重点、琐碎、离题、回避且难以

第十二章 分析师与患者的分离

理解。

当我走进阿龙的公寓楼参加我们的最后一次会谈时,我想到了我经历过的另一次最后 1 小时。几周前,我和哈特维格·达尔坐在一起,听了他长达 6 年的分析的最后 1 小时录音。我要求听它,达尔也冲动地离开了自己的工作,来到审核室和我一起聆听。患者以他通常(对我而言)的那种无关紧要和无趣的方式嘟囔着。但他听起来悲伤而渴望;会谈被漫长的、可能眼中含泪的沉默所打断。达尔坐在我旁边听着,显然很感动。在录音中,患者对这是他与分析师的最后一次会面这一事实犹豫不决,而达尔则做出了明智的、慈父般的、有时颇亲切的解释。在这 1 个小时结束时,达尔对患者说:"你之前用了一个比喻,说一个人在火车站等了 50 分钟,就是为了送别火车上的某人——我想,真的,这是在目送他踏上人生旅行。现在是时候说'该上车了!'"达尔将此次分析根据录音带记录了下来,在他的最后一次分析记录中,他显然有一种小说家想要给自己的作品一个合适的结局的冲动。在笔记中,他这样总结道:"我把最后一张账单递给他,第一次,我在他离开时为他打开了通往外厅的门。我哽咽着和他说再见,我们的目光第一次在一波久长的眼神中相遇,我们俩都明白其中之意。"

在关于接受费尔贝恩分析的回忆录中,英国分析师冈特里普作了另一次(罕见的)分析师与患者分手时情绪流露的描述:

最后一节分析结束了，终于要离开费尔贝恩时，我突然意识到，在这么长的时间里我们还从来没有握过手，他本打算在我离开时也不表露这种友好的姿态。我伸出了手，他立刻握住，突然，我看到泪水沿着他的脸庞流下来。我看到了这个人头脑智慧、性格害羞下的温情之心。

当我问及阿龙终止分析的经历时，他坦率地说他还没有正式结束的案例可谈。他最早期的大多数患者都已半途离开，而随后较为成熟的分析案例现在才接近终止阶段。即便他认为成功的第一个案例，也并非以适当的方式结束的。该患者在分析的第7年过早地突然离开，剥夺了阿龙的胜利。像杜拉一样，她通过离开而复仇，并且，像弗洛伊德一样，阿龙无法原谅（或忘记）她，就像一个人非要揭开痛苦的疮疤一样不断地回溯案例及其细节。

阿龙说，得益于分析，当时患者已经能接受婚姻了。有一天她进来说，为了配合新婚丈夫的工作安排，她将在当年的7月去度假，而不是在平时的时间段，8月。阿龙提醒她，8月才是指定的假期月份，如果她选在7月休假，她仍然需要为错过的分析付费。她觉得这无法忍受。他也不想让步；于是她结束了分析。

之前我和阿龙就这件事曾争论过很多次，我一直站在患者一边。尽管阿龙有正当理由收取患者7月缺席分析的费用，然而，在我看来，如果他不那么固执是可以处理得更好的（从道德上和

第十二章　分析师与患者的分离

方法上）。(他是可以选择的——此时她是一名定期支付费用的、由阿龙单独收治的患者，而不是治疗中心指派过来的。）阿龙同意他可能行事不谨慎；他承认自己长期存在收费上的问题，他对钱的渴望、他对患者的愤怒可能导致他采取了仓促的行动。"不过，"他说，"不过，真正的问题并非金钱本身，我真正犯的错误不是向她收取了她没来做分析的费用。我的过失是我没有足够快地理解和解释移情。我没有向她指出：她逃离是因为无法面对她对我的痛苦的爱。我没有在这一点上说服她：她不想付给我的那些钱，其实是她想从我这里得到的我阴茎里的孩子。"我还没来得及抗议这种古怪的合理化，阿龙就有意地向前倾身，换了一种语调说："我知道你要说什么。我能看到你脸上的嘲笑。这里正在发生的事情也是一直让我深感讶异的——其他分析师对此也发表过评论，我的分析师对此也曾发表过评论——精神分析洞察力的薪火相传从未被认为是理所当然的。每一代人都必须重温那些最初的发现！你不能说，弗洛伊德发现了一些东西，现在它就可以作为公认的知识被教授和传播了，就像物理学、生物学和化学那些发现的传播方式。这些是不会在精神分析领域发生的。这着实让我难以置信！为什么下一代人不能接受弗洛伊德的发现呢？因为你在挑战我。想想吧，像你这样聪明的人对弗洛伊德的发现都发出了挑战。为什么不挑战（达尔文的）自然选择理论呢？当然，你所挑战的是婴儿期性欲和俄狄浦斯情结在成人心理生活中的中心地位。这就是你所挑战的，这就是能思考的、聪明的人所挑战的。"

"康拉德·洛伦兹注意到，如果你在小鸡生命中的某个时间出现在它面前，它就会跟随你，而如果你在其他时段这样做，它就不会；在一个特定的时间，它被'设置'了。我们在精神分析中也发现，在人的成长中也有一个独特的形成期——而外行人不知道这一点。你可以告知他一百万遍，他可以在很多书中读到这个，他甚至可以'相信'这个，但他仍然不了解它，就像在这一刻，你以及你自己异常聪明的怀疑论不了解它一样。我不是在批评你。我和你的这个会谈有一些很好的地方。你是一个生活在20世纪下半叶的、受过教育的人，你不了解的俄狄浦斯期大概是在3岁半到6岁时——如同洛伦兹站在小鸡面前的那个时候，它是最具塑造性的、最重要的、可以铸造人类生活的时期，是后来所有成人行为的源泉。如果你观察一个人的成年生活——他的爱情、工作、爱好、野心——这些都指向俄狄浦斯情结。这个说起来太棒了。我们已经发现了这一点。弗洛伊德发现了它，我们日复一日地把它用作我们的试金石。但被我们认为理所当然的东西依然在遭受着普罗大众的不断挑战。"

"这个观点很难让人接受。"

"当然喽。因为你知道它在说什么吗？它说，正如弗洛伊德所写的那样，人并非自己房子的主人。他已被决定；他的自由度为零；他无法改变自己的命运；他可以在一个令人生畏的时期被塑造；他生活中的一切早已注定且被永远注定。是的，这是一个

第十二章 分析师与患者的分离

必须接受的可怕想法。而我们分析师将其视为常识,当我们俩谈论它时,它是一个源自大量证据的基本假设。"

我问:"当你谈到说,这个患者希望有你阴茎里的一个孩子,她拒绝承认她对你的爱,你是在谈论潜意识的想法吗?"

"是的。在中断分析时她所意识到的是,如果我收了她没做分析的费用,她就要从我这里得到她的那一磅肉。而她没有意识到的是,我真的是她生活的中心——那个她最宝贵、最珍视、最爱的人。她无法自我承认这点,这太痛苦了,她受不了。如果你停下来想想,极少人能承受这个。对一个在寻找生命中最重要的人、她最热烈地爱着的人,而且是以一种特别的方式爱着她的那个小女孩来说,她想要对方给自己一个来自他阴茎的孩子,但那人却不想这么做,而且,无论她做什么,无论她如何试图操纵他,他仍然不会这样做,那是一种什么感觉呢?这种感觉对每个孩子都是悲剧性的。"

"可以说,这个愿望在分析中被重新激活,这个尝试也被再次重现了。"

"是的。虽不由自主但又确实如此。如果不能重现这些,分析就是糟糕的分析。"

"但那两位被剥夺荣誉的分析师,他们却去实现了患者的愿望。"

阿龙点点头。"他们这么做了。他们把手术搞砸了。告诉我,你现在对手术这个类比有何看法?"他问道,重新提起了那个以

· 173 ·

往的争论。

"你为什么这么喜欢这个比喻呢?"我反驳道。

"就因为它太极端了,"他说,"因为它表明,分析是多么无人味,又多么亲密。因为它还告诉你,这不是一个随意的程序,它严肃而危险,它是可怕的。"

"所以你觉得有些什么被作用'在'了被分析的患者身上,就像外科手术施加'在'了患者身上一样?"

"是的。"

"然而分析的目标是获得洞察力。"

"是这个。"

"那你如何调和这两个图像呢——一个是被麻醉了的、躺在手术台上正在被施行手术的患者,和一个主动地、有意识地获得洞察力的人?"

"这很容易做到。因为,获得洞察力是一个深刻、彻底和复杂的过程,就像切除肿瘤一样。洞察力不是肤浅的东西——它不仅仅是去了解一些关于你个人的比较有趣的事情。它是成为你自己。它是寻找你内心的那个孩子的路径,是一种深刻的觉知。分析师和患者双方需要做大量的协商工作来达到这一成就。在外科手术中,虽然患者被麻醉了,但他的身体仍然在照常工作:心脏继续跳动,血液继续流动,肺继续发挥作用。同样,在分析中,患者身上发生了很多他没有意识到的事情,而分析师正在谨慎地监控着这些。在分析结束时,分析师和患者有可能都不知

第十二章 分析师与患者的分离

道到底发生了什么。有一个关于分析师安妮·赖希的故事,她曾经在一次会议上描述了一个非常好的分析,人们被触动了,说:'你应该写写这个分析。'她说:'我还没准备好写它,因为我还没弄清楚到底发生了什么。'分析结束好几年了,她还没搞清楚呢。"

"有一个故事说的是另一位分析师,他决定做一些分析后的跟踪工作。他给5年前在他这里接受过分析的两名女性患者打了电话。她们是可比的案例:两人都经历了暴风骤雨般的分析,都有各种强度极高、浓度极强且非常情绪化的、强烈的移情。现在,5年后,其中一位女士说:'医生,我在每晚睡觉前都感谢我的幸运星,因为我有你作为我的分析师。你的分析已经改变了我的生活。没有一天我不去想我从你那里学到的东西并在生活中应用它。你是我日常生活中永远的存在,我总怀着敬畏的心情想起你。'而另一个女人——她也曾有过同样令人烦躁、情绪饱满和次数密集的分析——说:'你知道吗,我时常想起你。我想,如果我没有接受你的分析,也许我的生活会和过去差不多。说实话,对于分析我记不起太多了。你看起来是个好人。我觉得这个分析体验还算可以。但我说不上什么对我有帮助,或者,哪些事是根本不会发生在我身上的。'听到这些,他马上就知道谁得到了更好的分析。当你做完手术,把患者缝合起来,你希望留下的疤痕不要太显眼,如果以后一切都顺利的话,很好,这就够了。"

精神分析：一项极具挑战性的职业

在《仲夏夜之梦》的结尾，人类角色揉着眼睛醒来，不知道发生了什么。他们感觉，这中间应该发生了很多事，因为现在情况已经变得更好了，但他们不知道是什么导致了这种变化。对很多患者来说，精神分析就是如此。

"这么说，分析师就是仙女喽，"我说，把阿龙的比喻更推进一步。"他们是巴克、奥伯龙、泰坦尼亚和蜘蛛精。他们按照同类的法律行事，以患者为棋子，在自己的王国中打那些神秘莫测的战争。他们让奇怪而非凡的事情发生在患者身上，他们不带恶意。"

"不，"阿龙说，"不是这样的。他们所具有的意义或许更重大，也或许更渺小。我们的科学并非无害。我们这些精神分析师每天都在玩火，有可能自己被烧伤，也有可能烧伤别人。早在成为分析师之前，我们就已经为这项任务做好了准备。当我们不得不做给他人带来伤害的事情时，我们从医学院、实习生和住院医师的经历中淬炼自己。当时我们主要通过伤害自己来应对它：通过做苦差事、长期无情的工作、不睡觉、手拿手术推拉器一直待在医院的手术室里——我们经历了各种可怕的肉体上的自我惩罚。我们在伤害别人的同时也伤害了自己——用各种针刺他们，给他们注射各种强效药物，做各种痛苦的手术，看着他们死去。当我们进入精神病学领域再接受精神分析时，这种玩火的事情同

第十二章 分析师与患者的分离

样危险——但我们已经习惯了。"

阿龙带着不快,目光盯着我们中间的某个地方,我沉默以对。砰的一声,关门声响起,打破了此时的静默,它标志着某个患者来了,也意味着我们的谈话该结束了。就此,我和阿龙这场奇怪而非凡的相遇的最后一个小时也到了尾声。

参考文献

Alexander, Franz, and French, T. M. (1946) *Psychoanalytic Therapy, Principles and Application.* New York: Ronald Press.

———. (1954) "Some Quantitative Aspects of Psychoanalytic Technique." *Journal of the American Psychoanalytic Association* 2: 685-701.

Arlow, Jacob. (1972) "Dilemmas in Psychoanalytic Education." *Journal of the American Psychoanalytic Association* 20: 556-566.

———, and Brenner, Charles. (1964) *Psychoanalytic Concepts and the Structural Theory.* New York: International Universities Press.

Balint, Michael. (1968) *The Basic Fault.* London: Tavistock.

Bird, Brian. (1972) "Notes on Transference: Universal Phenomenon and Hardest Part of Analysis." *Journal of the American Psychoanalytic Association* 20: 267-301.

参考文献

Brenner, Charles. (1955, 1973) *An Elementary Textbook of Psychoanalysis*. New York: International Universities Press.

———. (1976) *Psychoanalytic Technique and Psychic · Conflict*. New York: International Universities Press.

———. (1979) "Working Alliance, Therapeutic Alliance, and Transference." *Journal of the American Psychoanalytic Association* (Supplement) 27: 137-157.

Chekhov, Anton. (1899) "Lady with Lapdog." In *Lady with Lapdog ond Other Stories*, translated by David Magarshak. Baltimore: Penguin, 1964.

Chertok, Leon and de Saussure, Raymond. (1979) *The Therapeutic Revolution: From Mesmer to Freud*. New York: Brunner/Mazel.

Dahl, Hartvig. (1974) "The Measurement of Meaning in Psychoanalysis by Computer Analysis of Verbal Contexts." *Journal of the American Psychoanalytic Association* 22: 37-57.

———. (1978) "Counter transference Examples of the Syntactic Expression of Warded-Off Contents." *Psychoanalytic Quarterly* 47: 339-363.

Doolittle, Hilda. (1956) *Tribute to Freud*. New York: McGraw-Hill.

Eissler, Kurt. (1953) "Remarks on Some Variations in Psychoanalytic Technique." *International Journal of Psycho-Analysis* 39: 222-229.

Ellenberger, H. F. (1970) *The Discovery of the Unconscious*. New York: Basic Books.

Erle, Joan. (1979) "An Approach to the Study of Analyzability and Analyses: The Course of Forty Consecutive Cases Selected for Supervised Analysis." *Psychoanalytic Quarterly* 48: 198-228.

———, and Goldberg, Daniel. (1979) "Problems in the Assessment of

Analyzability." *Psychoanalytic Quarterly* 48: 48-84.

Ferenczi, Sandor. (1928) "The Elasticity of Psycho-Analytic Technique." In *Final Contributions to the Problems and Methods of Psychoanalysis*. New York: Brunner/Mazel, 1980.

——. (1929) "The Principle of Relaxation and Neocatharsis." In *ibid*.

——. (1929) "The Unwelcome Child and His Death Instinct." In *ibid*.

——. (1931) "Child Analysis in the Analysis of Adults." In *ibid*.

——. (1933) "Confusion of Tongues Between Adults and the Child." In *ibid*.

Forster, E. M. (1921) *Howards End*. New York: Vintage, 1954.

Freud, Anna. (1936) *The Ego and the Mechanisms of Defense*. London: Hogarth Press; New York: International Universities Press, 1966.

——. (1954) In "The Widening Scope of Indications for Psychoanalysis." *Journal of the American Psychoanalytic Association* 2: 607-620.

Freud, Sigmund, and Breuer, Josef. (1985) *Studies on Hysteria*, Standard Edition,[1] 2.

Freud, Sigmund. (1900) *The Interpretation of Dreams*. Standard Edition, 4 and 5.

——. (1901) *The Psychopathology of Everyday Life*.

——. (1905) "On Psychotherapy." Standard Edition, 7.

——. (1905) "Fragment of an Analysis of a Case of Hysteria." Standard Edition, 7.

1　*The Standard Edition of the Complete Psychological Works of Sigmund Freud*, published in 24 volumes by the Hogarth Press, Ltd., London.

——. (1909) *Five Lectures on Psycho-Analysis*. Standard Edition, 11.

——. (1910) "'Wild' Psycho-Analysis." Standard Edition, 11.

——. (1912) "Recommendations to Physicians Practicing Psycho-Analysis." Standard Edition, 12.

——. (1913) "On Beginning the Treatment." Standard Edition, 12.

——. (1913) "The Theme of the Three Caskets." Standard Edition, 12.

——. (1914) *A History of the Psycho-Analytic Movement*. Standard Edition, 14.

——. (1914) "Remembering, Repeating, and Working Through." Standard Edition, 12.

——. (1915) "Observations on Transference-Love." Standard Edition, 12.

——. (1917) *Introductory Lectures on Psycho-Analysis*. Standard Edition, 16.

——. (1918) "Lines of Advance in Psycho-Analytic Therapy." Standard Edition, 17.

——. (1918) "From the History of an Infantile Neurosis." Standard Edition, 17.

——. (1923) *The Ego and the Id*. Standard Edition, 19.

——. (1925) "Some Psychical Consequences of the Anatomical Distinction Between the Sexes." Standard Edition, 19.

——. (1925) *An Autobiographical Study*. Standard Edition, 20.

——. (1926) *The Question of Lay Analysis*. Standard Edition, 20.

——. (1932) "The Acquisition and Control of Fire." Standard Edition, 22.

——. (1933) "Sandor Ferenczi." Standard Edition, 22.

——. (1937) "Analysis Terminable and Interminable." Standard Edition, 23.

——. (1939) *Moses and Monotheism*. Standard Edition, 23.

——.(1940) *An Outline of Psycho-Analysis*. Standard Edition, 23.

——. (1954) *The Origins of Psychoanalysis-Letters to Wilhelm Fliess. Drafts and Notes*: 1887-1902. New York: Basic Books.

——, and Jung, Carl G. (1974) *The Freud/ Jung Letters*. Princeton: Princeton University Press.

Friedman, Leonard J. (1975) "Current Psychoanalytic Object Relations Theory and Its Clinical Implications." *International Journal of Psycho-Analysis* 56: 137-146.

Fromm-Reichman, Frieda. (1950) *Principles of Intensive Psychotherapy*. Chicago: The University of Chicago Press.

Glover, Edward. (1928) *The Technique of Psychoanalysis*. New York: International Universities Press, 1955.

Greenacre, Phyllis. (1948) "Symposium on the Evaluation of Therapeutic Results." *International Journal of Psycho-Analysis* 29: 11-14.

——. (1954) "The Role of Transference: Practical Considerations in Relation to Psychoanalytic Therapy." *Journal of the American Psychoanalytic Association* 2: 671-684.

Greenson, Ralph R. (1967) *The Technique and Practice of Psycho-analysis*. New York: International Universities Press.

——, and Wexler, Murray. (1969) "The Non-Transference Relationship." In *Explorations in Psychoanalysis*. New York: International

Universities Press, 1978.

———. (1972) "Beyond Transference and Interpretation." In *ibid.*

Guntrip, Harry. (1975) "My Experience of Analysis With Fairbairn and Winnicott." *International Review of Psycho-Analysis* 2: 145-156.

Hirschmüller, A. (1978) *Physiologie und Psychoanalyse in Leben und Werk Josef Breuers*. Jahrbuch der Psychoanalyse Beiheft 4. Bern; Verlag Hans Huber.(Hirschmiiller's untranslated findings are summarized by Else Pappenheim in a Letter to the Editor of the American Journal of Psychiatry 137 [December 1980]: 1625-6.)

Jones, Ernest. (1953-1957) *The Life and Work of Sigmund Freud*, in three volumes. New York: Basic Books.

Kernberg, Otto. (1975) *Borderline Conditions and Pathological Narcissism*. New York: Aronson.

Khan, M. Masud R. (1959) "Regression and Integration in the Analytic Setting." In *The Privacy of the Self*. New York: International Universities Press, 1974.

———. (1963) "Silence as Communication." In *ibid.*

———. (1970) "The Becoming of a Psycho-Analyst." In *ibid.*

Klein, Melanie. (1957) *Envy and Gratitude*. London: Tavistock.

Kohut, Heinz. (1971) *The Analysis of the Self*. New York: International Universities Press.

———. (1977) *The Restoration of the Self*. New York: International Universities Press.

———. (1979) "The Two Analyses of Mr. Z." *International Journal of Psycho-Analysis* 60: 3-27.

Kramer, Selma. (1979) "The Technical Significance and Application of Mahler's Separation-Individuation Theory." *Journal of the American Psychoanalytic Association* (Supplement) 27:241-261.

Kris, Ernst. (1956) "On Some Vicissitudes of Insight in Psychoanalysis." *International Journal of Psycho-Analysis* 37: 445-455.

Limentani, Adam. (1972) "The Assessment of Analyzability: A Major Hazard in Selection for Psychoanalysis." *International Journal of Psycho-Analysis* 53: 351-361.

——. (1977) "Affects and the Psychoanalytic Situation." *International Journal of Psycho-Analysis* 58: 171-182.

Little, Margaret. (1957) "'R' —The Analyst's Total Response to His Patient's Needs." *International Journal of Psycho-Analysis* 38: 240-254.

Loewald, Hans. (1971) "The Transference Neurosis: Comments on the Concept and the Phenomenon." *Journal of the American Psychoanalytic Association* 19: 54-66.

Mahler, Margaret, Pine, F. and Bergman, A. (1975) *The Psychological Birth of the Human Infant*. New York: Basic Books.

Marcuse, Herbert. (1955) *Eros and Civilization, a Philosophical Inquiry into Freud*. New York: Vintage, 1962.

Milner, Marion. (1950) "A Note on the Ending of an Analysis." *International Journal of Psycho-Analysis* 31: 191-193.

Orwell, George. (1949) "Reflections on Gandhi." In *The Collected Essays, Journalism, and Letters of George Orwell*, vol. 4. New York: Harcourt, Brace, and World, 1968.

Panofsky, Erwin and Dora. (1956) *Pandora's Box*. Princeton: Princeton

University Press.

Pollock, G. H. (1968) "The Possible Significance of Childhood Object Loss in the Josef Breuer-Bertha Pappenheim (Anna 0.)-Sigmund Freud Relationship." *Journal of the American Psychoanalytic Association* 16: 711-739.

Proust, Marcel. (1928) *The Past Recaptured*. New York: Random House.

Reich, Annie. (1950) "On the Termination of Analysis." In *Psychoanalytic Contributions*. New York: International Universities Press, 1973.

Rieff, Philip. (1966) *The Triumph of the Therapeutic*. New York: Harper and Row; Harper Torchbook, 1968.

Searles, Harold. (1959) "Oedipal Love in the Countertransference." In *Collected Papers on Schizophrenia and Related Subjects*. New York: International Universities Press, 1965

Stone, Leo. (1954) In "The Widening Scope of Indications for Psychoanalysis." *Journal of the American Psychoanalytic Association* 2: 567-594.

———. (1961) *The Psychoanalytic Situation*. New York: International Universities Press.

van der Leeuw, P. J. (1968) "The Psychoanalytic Society." *International Journal of Psycho-Analysis* 49: 160-164.

Waelder, Robert. (1960) *Basic Theory of Psychoanalysis*. New York: International Universities Press.

Winnicott, Donald W. (1954) "Meta psychological and Clinical Aspects of Regression Within the Psychoanalytical Set-up." In *Collected Papers: Through Pediatrics to Psychoanalysis*. New York: Basic Books, 1958.

———. (1954-1955) "The Depressive Position in Normal Emotional

Development." In *ibid*.

———. (1955-1956) "Clinical Varieties of Transference." In *ibid*.

———. (1969) "The Use of an Object and Relating Through Identifications." In *Playing and Reality*. London: Tavistock, 1971.